缅甸中央盆地
西缘蒙育瓦式铜矿床成矿规律
及找矿预测研究

西南有色昆明勘测设计（院）股份有限公司 编

李伟清 范良军◎主编

YNK 云南科技出版社
·昆 明·

图书在版编目（CIP）数据

缅甸中央盆地西缘蒙育瓦式铜矿床成矿规律及找矿预测研究 / 西南有色昆明勘测设计（院）股份有限公司编；范良军, 李伟清主编 .-- 昆明：云南科技出版社，2023.7

ISBN 978-7-5587-5101-1

Ⅰ.①缅… Ⅱ.①西… ②范… ③李… Ⅲ.①铜矿床 – 成矿规律 – 研究 – 缅甸②铜矿床 – 找矿 – 预测 – 研究 – 缅甸 Ⅳ.① P618.41

中国国家版本馆 CIP 数据核字 (2023) 第 132010 号

缅甸中央盆地西缘蒙育瓦式铜矿床成矿规律及找矿预测研究

MIANDIAN ZHONGYANG PENDI XIYUAN MENGYUWASHI TONGKUANGCHUANG CHENGKUANG GUILÜ JI ZHAOKUANG YUCE YANJIU

西南有色昆明勘测设计（院）股份有限公司　编

李伟清　范良军　主编

出 版 人：温　翔
责任编辑：王　韬
封面设计：常继红
责任校对：秦永红
责任印制：蒋丽芬

书　　号：ISBN 978-7-5587-5101-1
印　　刷：昆明猩煌印务有限公司
开　　本：787mm×1092mm　1/16
印　　张：11.75
字　　数：260 千字
版　　次：2023 年 7 月第 1 版
印　　次：2023 年 7 月第 1 次印刷
定　　价：60.00 元

出版发行：云南科技出版社
地　　址：昆明市环城西路 609 号
电　　话：0871- 64192372

编委会

主编单位：西南有色昆明勘测设计（院）股份有限公司

主　　编：李伟清　范良军

参编人员：赵艳林　洪建磊　杨彦武　李　江　程云茂　刘文勇

　　　　　李江博　翟　鑫　保增志　邹加学　杨文金　郭忠正

　　　　　李家林　林利翔　杨　旭　黄金龙　张茂腾　李　刚

　　　　　苏昌学　王保华　付文春　杨　峻　李红舟　杨　帅

　　　　　李俊旭　吴　波　黄晓君　刘馨翼　李　杰

序 言

　　铜是我国紧缺战略性矿产，也是一种用途非常广泛的大宗矿产。全球已发现和查明的主要铜矿有斑岩型、砂（页）岩沉积型、岩浆硫化物型、火山块状硫化物型、铁氧化物铜金型、矽卡岩型等，其中斑岩型铜矿床是世界上最主要的矿床类型，约占全球铜资源储量65%以上，该类矿床找矿勘查及科学研究一直都是地质学家和地勘工作者的热点。

　　缅甸蒙育瓦铜矿位于缅甸实皆省，其勘查始于20世纪30年代，共探获了铜矿石量约20亿吨，铜金属量700多万吨，为东南亚第二大铜矿，包括萨比塘（S矿）、萨比塘南（S南矿）、七星塘（K矿）和莱比塘（L矿），其中S矿和S南矿已开采完毕，K矿和L矿正在开采生产。矿区处于缅甸中部中央沉降带的内火山弧上，产于钦敦江冲积平原西侧的晚第三系火山碎屑岩和晚期的安山岩—英安岩体内，属岩浆期后多期次中低温热液作用于安山斑岩形成的蚀变带高硫化型斑岩铜矿床，也是特提斯－喜马拉雅成矿域南段斑岩型铜矿床的典型代表。2015—2018年，西南有色昆明勘测设计（院）股份有限公司实施"走出去"战略，承担并完成了蒙育瓦铜矿生产勘探项目后，新增资源量铜60余万吨，达到大型规模，找矿成果获中国有色金属地质找矿成果奖一等奖。

　　在此基础上，由李伟清、范良军带领的项目团队系统收集了缅甸中部盆地、蒙育瓦铜矿区及外围地区以往勘查、科研和开采成果资料，以斑岩型铜矿成矿理论为指导，通过遥感地质解译、路线地质调查、露天采场地质剖面测量、采样测试等手段，开展矿床地质特征研究，总结了控矿要素、成矿规律和找矿标志，构建了成矿模式和勘查模型；进行了找矿预测及靶区圈定。

本书是一批野外一线地质工作者们在完成生产勘探任务的同时，对其综合研究成果和勘查技术方法的总结，资料丰富、思路清晰、内容详实；虽在理论研究方面尚有不足，但作为野外第一线地质工作者实属不易。相信它的出版对地勘单位和矿山企业在境外进行同类矿床地质勘查和科学研究具有一定的实用价值，对推动"一带一路"沿线国家地质找矿具有借鉴意义。

云南省地质学会理事长

云南省有色地质局副局长、总工程师

前　言

　　蒙育瓦超大型铜矿床产在缅甸中部密支那－实皆断裂带以西的印－缅白垩纪弧后背景的晚新生代火山岩盆地内，属于特提斯－喜马拉雅构造成矿域南段的缅甸斑岩型铜成矿带，是印度－欧亚大陆后碰撞阶段陆内构造岩浆活动时期重要的特色成矿矿床。蒙育瓦铜矿区包括七星塘（K矿）、萨比塘和南萨比塘（S&Ss矿）、莱比塘（L矿）4个铜矿床。

　　蒙育瓦铜矿矿床特征及矿床成因的研究对其成因模式的总结及找矿预测均意义重大。区内虽已有矿业公司的踏勘以及少数学者的研究总结，但整体上对主矿区及其外围地段的地质研究深入度和投入工作量过低，且主矿区顶部遭受较为强烈的风化淋滤作用，致使对其成因机制和成矿规律的认识不清，限制了矿区深边部及周边邻区找矿方向的圈定和勘查工程的部署。为此，本次工作在整理区内已知矿床地质特征及成矿地质条件、梳理主要控矿要素的基础上，建立成矿模型，总结成矿规律；充分利用已有物探、化探、遥感及矿化信息，进行矿床深边部及周边地区的找矿预测，以期为后续勘查及矿山规划建设提供依据。

　　本次研究开展了系统的岩芯编录，岩石岩相学观察，岩石主微量元素、全岩硫铅同位素分析、流体包裹体岩相学观察和测温分析，矿物电子探针分析，以及遥感地质工作，结合已有物探、化探信息，认为蒙育瓦铜矿床是一个超大型斑岩－高硫化热液型铜矿床，其发育与中新世安山质岩浆（形成了安山斑岩－闪长斑岩）的活动密切相关。矿体的分布主要受控于深部的闪长斑岩体、中浅部的火山隐爆角砾岩筒及其伴生构造，形成了隐爆角砾岩筒（以及部分火山碎屑岩）中的火山热液角砾岩岩墙型矿化，安山斑岩（－闪长斑岩）以及火山碎屑岩、砂岩中的细脉－浸染型矿化，以及主干断裂和砂岩地层中的石英－硫化物脉型矿化，进而提出蒙育瓦铜矿床的控矿要素及成矿模式。

结合已有地质、地球物理及地球化学勘查和遥感影像解译资料，以及矿山生产和勘查实践，总结了其找矿标志，建立了找矿勘查模型。依据确定的找矿准则，圈定出7个矿区深边部找矿预测靶区，其中A级靶区4个、B级靶区3个；并提出4个矿区外围找矿远景区，其中B级靶区2个、C级靶区2个。

最后指出，矿区中深部及外围地区找矿工作应集中于斑岩体和火山隐爆角砾岩筒围岩接触带中的近东西向、近南北向及其次级断层裂隙系统，深部具有极大的隐伏斑岩型矿床找矿潜力。

本书前言、第一章由李伟清、洪建磊执笔，第二章由李伟清、李江执笔，第三章由范良军、赵艳林执笔，第四章由李伟清、范良军执笔，第五章由范良军、李伟清执笔，第六章由李伟清、赵艳林执笔，第七章由范良军、杨彦武执笔。翟鑫、李江博、保增志、邹加学、杨文金、郭忠正、李家林、林利翔、杨旭、黄金龙、张茂腾、李刚、苏昌学、王保华、付文春、杨峻、李红舟、杨帅、李俊旭、吴波、黄晓君、刘馨翼、李杰等参加了部分工作。全书由范良军、李伟清统稿编纂，其中李伟清完成约110千字，范良军完成约105千字。

在本书编写过程中，得到了云南省有色地质局、西南有色昆明勘测设计（院）股份有限公司领导、专家的悉心指导和帮助。书中收集、参考和引用了云南省有色地质局、矿山企业和其他地勘单位、地质院校、同行等多年的部分成果资料。

由于笔者水平有限、时间仓促，书中有甚多不足之处，敬请同行及专家给予指正。同时谨向关心、支持和帮助本书编写工作的单位、领导和同行表示诚挚的谢意！

目 录

第一章

绪 论

1.1 研究背景

特提斯洋的俯冲、碰撞形成了一条横贯欧亚大陆南缘的大规模成矿带——特提斯成矿域，是全球三大成矿域之一，又因其同时发育有俯冲、碰撞和后碰撞阶段的斑岩型矿床成矿作用而独具特色（莫宣学等，2003；侯增谦等，2010；王瑞等，2020）。位于缅甸实皆省的蒙育瓦铜矿床，便是特提斯成矿域内后碰撞阶段斑岩型成矿作用的典型代表。

蒙育瓦铜矿床位于缅甸西北部实皆省（Sagaing）南部，处在该省最大的城镇——蒙育瓦镇（又称"望濑市"）的240°方向平距约10km处，矿区中心地理坐标为：东经95°02′，北纬22°07′。矿区由4个矿床所组成，即北西部的七星塘矿（K矿），中东部的萨比塘和南萨比塘矿（S&Ss矿），以及与K矿相连产出及东南部规模最大的莱比塘矿（L矿）。矿区两端相距7km，缅甸政府拟核准蒙育瓦铜矿床采矿权总面积55.8km²（图1-1）。矿区周围地势较低，海拔75~347m，相对高差272m，为平原及丘陵地貌。区域内植被发育，交通便利，水电资源丰富。但因其现有运变电线路运行年限较久，可靠性低，跳闸断电现象时有发生。矿区位于缅甸中西部工业相对发达地区，但几乎没有重工业，农业较为发达。

铜作为一种用途非常广泛的大宗矿产品，从古代就被人类开发利用，到现代其新用途仍然不断被发现。而斑岩型铜矿床作为铜的最主要的产出矿床，其各方面的研究一直都是热点话题。最近几年，随着国家矿业政策调整及"一带

一路"经济合作实施，越来越多的中国矿产企业到国外投资发展。蒙育瓦铜矿床便是"一带一路"经济合作典范。蒙育瓦铜矿床早在几个世纪前就有采矿活动，但真正的矿产勘查及研究始于 20 世纪 30 年代。近一百年来，蒙育瓦铜矿床的勘查工作取得了巨大的成绩，但其基础地质及矿床地质研究工作尚欠深入，严重滞后于矿产开发工作，甚至对于其矿床成因类型尚有争议。因此，开展矿区的基础性研究具有十分重要的理论价值和现实意义。

鉴于此，2020 年 2 月，云南省有色地质局向局属西南有色昆明勘测设计（院）股份有限公司下达了《缅甸中部盆地蒙育瓦斑岩铜矿床成矿规律及预测研究》项目任务书。任务目的是通过对蒙育瓦斑岩铜矿床的矿区地质、矿床地质及地球化学与三维可视化建模等研究，进一步查明其成矿构造背景、成矿地质条件和矿床地质特征，系统揭示地层岩性、岩浆岩、构造等控矿特征及其成矿规律，建立其矿床成因模式，进行成矿预测，确定找矿方向和优选靶区，为矿区深边部及外围地质找矿提供科学依据。接到任务后，我院立即启动了该研究项目。

表 1-1　研究区范围拐点坐标

序号	经度		纬度	
A	95°	08'20.84"	22°	02'55.17"
B	95°	01'50.43"	22°	15'16.32"
C	94°	52'56.32"	22°	13'11.86"
D	95°	02'28.98"	22°	00'20.34"
面积			350km²	

蒙育瓦铜矿研究区位于缅甸中央盆地西缘（包括蒙育瓦铜矿区及外围），东西 15km，南北宽约 25 km，地理坐标：东经 94° 52'56.32" ~ 95° 8'20.84"，北纬 22° 0'20.34" ~ 22° 15'16.32"，面积约 350km²（图 1-1、表 1-1）。

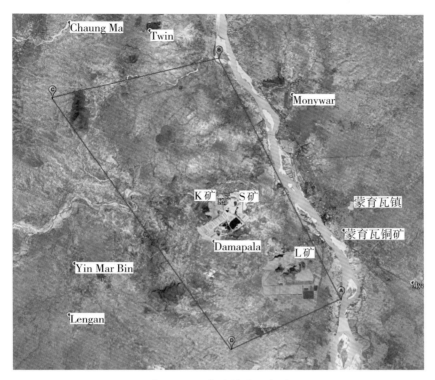

图 1-1 研究区范围示意图

1.2 斑岩型矿床的研究现状

1.2.1 斑岩型矿床的分布

目前普遍认为，斑岩型矿床是一类在时间、空间和成因上均与浅成–超浅成中酸性侵入岩体有密切联系的一类岩浆–热液矿床。根据所含的主要成矿元素的差异，斑岩型矿床又可分为斑岩型 Cu、Mo、Au、W、Sn、Pb、Zn 等类型。其以浸染状和网脉状为主要矿化形式，矿化网脉的宽度在毫米级至厘米级之间，岩浆热液–热液系统持续时间可长达 5Ma 以上，具有金属规模巨大、中低品位的特点；与成矿相关的岩体往往是多相复式岩体，主要为准铝质钙碱性岩石，少数为高钾钙碱性或钾玄质岩石，岩性变化介于石英闪长岩–石英二长岩–花岗闪长岩–花岗岩之间。但其矿化均匀、储量大，且埋藏浅，宜于采选。目前全球约 75% 的 Cu、95% 的 Mo、80% 的 Re、20% 的 Au 及相当大部分的 Ag、Pb、Zn、W、Sn 等和几乎所有的 Se、Te 等关键金属（图 1-2），均来自于斑岩型矿床的开发和利用（Sillitoe，2010）。

图1-2　全球大型斑岩矿床的分布和全球三大成矿带（据王瑞等2020）

　　从全球范围看，斑岩型矿床主要产出在三大全球性成矿带：环太平洋成矿带、中亚成矿带和特提斯成矿带（图1-2）。环太平洋成矿带是环绕太平洋分布的中、新生代构造-岩浆成矿带，发育的典型矿床有太平洋东岸陆缘弧环境的Bajo de la Alumbrera、Bingham Canyon、Pebble Copper，太平洋西岸岛弧环境的Grasberg、Ok Tedi及中国的德兴铜矿等世界级的斑岩型铜、金矿床（Cooke et al.，2005；Sillitoe，2010）。中亚成矿带夹持于西伯利亚、东欧和塔里木—华北克拉通之间，沿着中亚造山带展布，产出一系列大型—超大型斑岩铜（金、钼）及其他金属矿床（朱永峰等，2007；肖文交等，2019）。例如，阿尔泰地区的铜、多金属、金矿带，蒙古南部的铜矿带，哈萨克斯坦北部的金、铀矿带，中哈萨克斯坦（环巴尔喀什湖地区）的铁—锰、铜、多金属和稀有金属成矿区，以及中天山南缘的金、铜、钼、钨矿带等。特提斯成矿带是由古、新特提斯洋俯冲、碰撞而形成，西起地中海，往东经阿尔卑斯、土耳其、伊朗、巴基斯坦、阿富汗、帕米尔地区到喜马拉雅，之后继续向东南延伸到系南三江、缅甸和苏门答腊（张洪瑞等，2010；Richard，2015），如东南欧Bananitic斑岩-高硫型浅成低温热液矿床成矿带、伊朗Kerman斑岩成矿带、我国冈底斯斑岩矿床成矿带、三江新生代斑岩型矿床成矿带、缅甸斑岩–浅成低温热液矿床成矿带等（莫宣学等，2003；Singer et al.，2005；侯增谦等，2010）。

1.2.2 斑岩型矿床的研究历程

"斑岩型矿床"一词自1905年被首次提出后，至今已有一个多世纪的研究历程，大大推进了斑岩铜矿床的成矿作用研究及勘查找矿工作进步。

（1）20世纪初，Ransome对美国Bisbee矿床进行野外研究时，首次提出了"浸染状铜矿"与斑岩体间可能存在的成因关系。"斑岩型矿床"一词自1905年被首次提出，而斑岩铜矿床的概念则是由Emmons（1918）明确提出的。在其后的半个世纪中，斑岩型铜矿床的发展主要以观察和描述为主，在斑岩铜矿床的蚀变和矿化特征、斑岩与成矿的关系等方面有了突破性进展。

（2）20世纪70—80年代，是斑岩铜矿床找矿勘查与技术研究的一个高峰，这一时期注重于矿床特征、蚀变系统和矿床成因的研究。代表就是Sillitoe（1972）成功地将板块构造理论应用到了环太平洋斑岩铜矿床成矿作用的研究中，提出了岩浆弧–斑岩铜矿床成矿模型（俯冲型斑岩铜矿床）。

（3）20世纪90年代，逐渐聚焦于成矿环境和构造控制的研究。代表则是Sillitoe（1997）研究认为斑岩铜矿形成于挤压环境，其注意到构造挤压导致地壳加厚与智利中北部、亚利桑那西南部、伊朗Jaya等超大型斑岩型矿床的形成具有同步性，表明了挤压环境有利于形成斑岩型铜矿床。

（4）进入21世纪以来，在斑岩型矿床的岩浆起源、热液系统、成矿系统、构造控制和动力学背景等方面研究，均取得了很多的新认识和新进展，尤其更加关注于成矿地球动力学背景研究（Singer et al.，2005；侯增谦等人，2010；张洪瑞等人，2010；Richard，2015），进而大大拓展了人们对斑岩型成矿系统的理解和认知，并用于指导找矿勘查实践。

1.2.3 斑岩型矿床的成矿模式

（1）俯冲环境斑岩型矿床的成矿模式

斑岩型矿床主要分布于环太平洋岩浆弧，也是最早研究的区域，所提出的经典的弧环境下斑岩矿床俯冲成矿模式已经被普遍接受（Hedenquist and Richards，1998；Henley and Berger，2000；Richards，2003）。大洋板片和沉积物随着俯冲的进行发生了一系列的变质脱水反应，脱水释放的流体整体富集Cl、S和大离子亲石元素，并可能携带一些金属，且氧逸度相对较高。这些流体注入到地幔楔引发了部分熔融，并产生熔体。这种富S、含H_2O、相对氧化的初始熔体，使得Cu和Au从硫化物中释放出来，以不相容元素随熔体向上迁移。上侵熔体由于密度差首先在壳幔过渡带停留，进而发生MASH过程（MASH：熔融、同化、存储、均一）。初始岩浆是玄武质的，经历了MASH过程演化为安山质，并最终浅成侵位（1~6km），形成长英质斑岩。俯冲背景下形成的主要是钙碱性弧岩浆岩，普遍伴生的是斑岩型Cu–Au矿床。

（2）碰撞环境斑岩型矿床的成矿模式

特提斯成矿域不但发育上述俯冲环境的斑岩型矿床成矿作用，也发育碰撞和后碰撞阶段的斑岩型矿床成矿作用。早期的斑岩型矿床成矿理论，是基于环太平洋成矿域俯冲成矿作用而提出来的，难以合理解释特提斯成矿域特有的碰撞成矿作用。因此，学者们研究提出了陆陆碰撞环境下斑岩型铜矿的成因模式（Richards，2009；Hou et al.，2017；Wang et al.，2017，2018；Zheng et al.，2019a，2019b）。在大陆碰撞之前总是存在洋壳俯冲作用，造成了来自深部的幔源金属和其他成矿元素如S、Cl的储备，这为活动大陆边缘成矿提供了先决条件。在碰撞阶段，大陆边缘之下的岩石圈地幔发生再活化，导致在弧下深度的地幔楔发生部分熔融，使成矿元素和H_2O在镁铁质熔体中得到进一步富集。在后碰撞阶段，由于造山带的垮塌、板片断离或岩石圈地幔的拆沉等作用，新生下地壳发生广泛的重熔，从而活化了下地壳深度镁铁质侵入岩中的这些成矿元素，导致大规模的岩浆–热液成矿作用。

1.2.4 斑岩型矿床的蚀变分带

典型的斑岩型铜矿床普遍发育围岩蚀变，蚀变范围可达几百米到几千米，并常具明显的、有规律的水平和垂直分带现象。多数情况下，自岩体向外蚀变可分为：钾化带（黑云母–钾长石带）→石英绢云母化带（绢云母–石英带）→泥化带→青磐岩化带（图1–3）。

①钾硅酸盐化：蚀变表现为钾质硅酸盐交代作用，形成黑云母和钾长石(个别出现钠长石化)。钾长石包括微斜长石化、正长石化、透长石化和冰长石化。例如，在与花岗岩有关的钨、锡、铍、铌、钽，以及斑岩铜、钼矿床等的下部，经常分布有大规模的钾长石化带。

②石英–绢云母化：是由氢交代形成一系列含水矿物，中酸性岩中的石英–绢云母和中基性岩中石英–绿泥石。石英–绢云母化常伴随有黄铁矿的产生，因而可称为绢英岩化。在金、铜、铅、锌、钼和铋等，以及萤石、红柱石、刚玉

等矿床中，都能见到石英–绢云母化现象，特别是斑岩型铜、钼矿床、黄铁矿型铜矿床和多金属矿床。

③中–深度泥化：是H^+过剩和成矿流体变为酸性，绢云母及绿泥石等片状矿物中的碱质被带出，形成高岭石和地开石为特征的矿物，出现在高渗透地带。进一步划分为深度泥化和中度泥化两类。深度泥化蚀变的特点是含有特征矿物地开石、高岭石、叶蜡石和石英，常伴有绢云母、明矾石、黄铁矿、电气石、黄玉、氟黄金和非晶质的黏土矿物，是一种蚀变比较深的类型。中度泥化岩石中，以高岭石和蒙脱石类矿物占优势。易受泥化的岩石主要为基性、中性、酸性火成岩，尤以火山岩最为发育。深度泥化常构成某些铜、铅、锌矿蚀变的内带。中度泥化分布较广泛，与金、银、铜、铅、锌矿化有关。

④青磐岩化：常构成斑岩铜矿化蚀变的最外带，形成绿泥石–绿帘石–方解石等矿物，有少量的绢云母、黄铁矿和磁铁矿。与青磐岩化有关的矿床有斑岩型铜、钼矿床、热液黄铁矿型矿床和多金属矿床等。

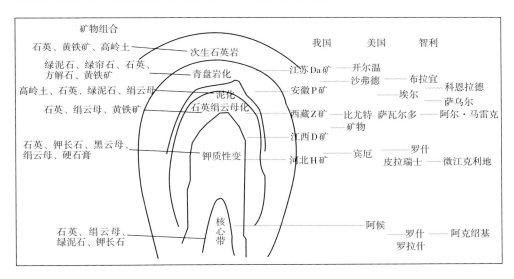

图1–3 斑岩铜矿主要蚀变分带及国内外斑岩铜矿形成相对深度示意图（据翟裕生等，1979）

1.2.5 斑岩型矿床的成矿流体来源及演化

对大量斑岩型Cu（Au、Mo）矿床的流体和氢氧同位素的研究，总结出了成矿流体的来源和演化模式（Taylor et al.，1974；Audetat et al.，2000；Ulrich et al.，2002；Harris et al.，2003；Halter et al.，2005）。含有大量挥发分（以H_2O为主，其次是Cl、S、CO_2、F等）和金属物质的岩浆上升过程，发生了流体从岩浆中的出溶（图1-4）。由于金属元素（Cu、Au、Mo、Ag等）在流体和熔体中的分配存在巨大差异，导致大量的金属物质转入流体中赋存和迁移，这便是最早期的成矿热液。这种岩浆热液在随后的减压沸腾中分离形成高温、高盐度和高温、中低盐度的流体，并形成了最主要的成矿流体。这种成矿流体在后期混入了大气降水成分后，导致了温度和盐度的降低，形成中低温、中低盐度的流体。在这些减压沸腾、流体混合及流体对围岩的蚀变过程导致的流体温度降低、pH值改变等物理化学成分的变化过程中，金属元素发生了沉淀从而成矿。对流体包裹体的研究显示，成矿期流体温度多在 250 ～ 500℃之间，高者可达 650℃及以上，盐度多在 10% ～ 50% 之间，但也有的高达 70% 以上，成矿流体中气相挥发分以 H_2O 为主，部分矿区可含 CO_2 及少量 CH_4。

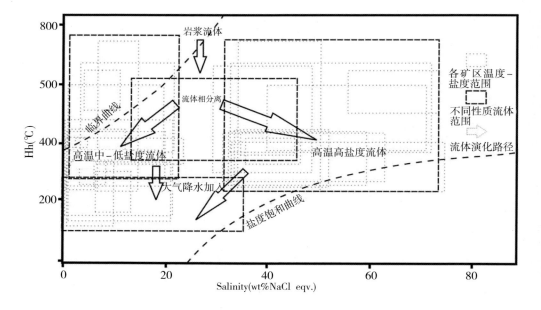

图 1-4　斑岩型矿床成矿流体温度-盐度分布区间及流体演化路径（据王蝶等人，2011）

1.2.6　斑岩型矿床的找矿勘查

全球三大成矿域中除发育大量与成矿相关的岩体外，尚有很多不含矿的岩体产出。因此，如何有效鉴别含矿岩体与无矿岩体，一直是矿床学与矿产勘查中经久不衰的研究课题。前人经过大量的研究，也已建立了一些岩石化学、矿物学及矿物化学方面的找矿指标。

（1）岩石化学指标

首先，斑岩体的岩石化学组成与成矿专属性之间存在对应关系（Ishihara，1981；Rui et al.，1984；Blevin，2004）。其中，与Cu、Au成矿有关的岩体，一般为分异程度较低的闪长玢岩和石英闪长玢岩（SiO_2=54%~66%）；与Cu成矿有关的岩体通常为中酸性的花岗闪长斑岩、石英二长斑岩（SiO_2=62%~66%）；与Cu、Mo矿化有关的岩体往往为偏酸性的花岗闪长岩–石英二长岩（SiO_2=65%~70%），而Mo、W矿床一般与高分异的花岗岩（$SiO_2 \geq$70%）密切相关。

其次，含矿斑岩通常显示埃达克质岩的地球化学特征（Zhang et al.，2002；Sun et al.，2010；Richards，2011）。这是由于埃达克质熔体相比于普通的长英质熔体，其源区相对富集Cu、Au等成矿元素，具有更高的H_2O含量及氧逸度，而这些特征对斑岩型矿床的形成极为有利。

另外，学者们还提出一些其他的岩石化学指标。Feiss（1978）提出含矿岩体的Al_2O_3/（K_2O+N_2O+CaO）比值一般会高于无矿岩体，这是由于Cu在岩浆结晶过程中倾向于富集在八面体位置，而熔体中高Al_2O_3/（K_2O+N_2O+CaO）比值有利于八面体位置的增加。Baldwin and Pearce（1982）发现，含矿斑岩明显亏损Y、Mn、Th和HREE，原因可能为角闪石的结晶分异。Stepanov and Hermann（2013）提出，黑云母的分离结晶将导致残余熔体中Ti降低、Ta/Nb升高，有利于成矿。Loucks（2014）发现，含矿岩体一般更富Al_2O_3、Sr和V，而亏损Sc和Y，原因可能是岩浆中高的H_2O水量在一定程度上抑制了斜长石和钛铁矿的结晶分异。Halley（2020）认为，磁铁矿的分离结晶会导致残余熔体中V/Sc比值的降低，不利于成矿，并提出利用V/Sc–Sc关系图解可区分含矿和无矿岩体。有学者还提出，Sr/Y–Sr/MnO、Zr–Y能有效区分含矿与不含矿岩体（Ahmed et al.，2020）。

（2）矿物化学指标

黑云母：含矿斑岩中的黑云母TiO_2>3%、Al_2O_3<15%、CaO<0.5%、Mg/Fe>0.5、K/Na>10，且相对亏损Cu（Fu，1981；Qin et al.，2009；Tang et al.，2017）。

石英：含矿斑岩中的石英可能发育单向固结结构（UST）与眼球状结构（Quartz eyes）（Vasyukova et al.，2013）。

磁铁矿：斑岩矿床中的磁铁矿相对富Ti、V、Mn、Zr、Nb、Hf、Ta、P，贫Mg、Si、Co、Ni、Ge、Sb、W和Pb等（Huang et al.，2019；Guo et al.，2020）。

锆石：含矿岩体中的锆石具有相对更高的Ce^{4+}/Ce^{3+}、δEu、（Ce/Nd）/Y，以及更低的Dy/Yb（Ballard et al.，2002；Liang et al.，2006；Chen et al.，2019）。

磷灰石：含矿岩体中的磷灰石富SO_3、Cl/F比值高，且显示更高的δEu和更低的δCe（Imai，2002；Zhu et al.，2018；Huang et al.，2019）。

榍石：含矿岩体中的榍石具有更高的Fe_2O_3/Al_2O_3、$\Sigma Ree+Y$、LRee/HRee、δCe、U、Th、Ta、Nb、Ga，且富含Mo、W、Sn等（Xu et al.，2015）。

综上所述，近年来的矿床学研究中，在斑岩型矿床的成矿模式、含矿岩体岩石学特征、成矿金属来源、流体来源和演化、矿物岩石化学组分含量的控制因素等方面均取得了明显的突破。其研究成果主要包括：①斑岩铜矿的大规模成矿作用与洋壳的俯冲以及碰撞造山作用有关；②高氧逸度的岩浆活动有利于斑岩型铜矿化的发生，含矿斑岩体具有低稀土元素含量以及右倾勺形稀土元素配分型式（Ho和Er标准化含量低于Yb和Lu）；③成矿金属主要来自地幔，其起源与俯冲洋壳所释放的流体对地幔中硫化物的氧化有关；④岩浆水可构成斑岩铜矿绢英岩化期流体的主体；⑤斑岩铜矿伴生金属组分的含量受许多因素控制，包括成矿温度、岩浆源区地幔演化、火成岩岩石类型和岩浆侵位深度等。这些研究成果可在找矿勘查工作中予以运用和检验。

1.3 蒙育瓦铜矿区地质勘查及研究现状

早在几个世纪前，蒙育瓦铜矿区就有铜矿石采矿和冶炼活动，当时采用传统方法从浅部的氧化矿中提取铜。20世纪早期，一家英国公司在莱比塘注册了金和铜矿权，并可能开掘了几个小平峒。20世纪30年代，在莱比塘开展工作，目的是从孔雀石和蓝矾中提取铜。工作结果是不成功的，最后不得不放弃。其后的地质勘查及研究现状主要如下：

（1）1955年，南斯拉夫地质学家在缅甸地质部人员的陪同下，对蒙育瓦地区进行了为期2周的野外地质调查。1957年缅甸矿产开发公司（MRDC）与南斯拉夫萨格勒布Geoistrazivanja签订合同对蒙育瓦地区进行调查，包括填图、取样和地球物理工作。地球物理工作包括自然电场（SP）和电阻测深，在七星塘、萨比塘和莱比塘都发现大SP异常。

（2）1969年，在英国专家的帮助下，MRDC进行了航磁和地磁测量、航空地质、野外验证和地质填图、电磁，自然电场（SP）、激发极化（IP）和重力，这些工作表明铜矿化与主要断层穿切和有关的火山活动关系密切。1973—1974

年日本金属矿业局（MMAJ）在K矿、S矿和L矿以及它们之间的地区做了激发极化工作。

（3）从1957年到1986年，由缅甸地质调查和勘查部（DGSE）、DGSE在联合国开发署、南斯拉夫国家铜业公司及日本金属矿业局（MMAJ）的参与下，对蒙育瓦地区分四个阶段进行了钻探工作：

第一阶段（1958—1960年）和第二阶段（1965年12月—1967年初）：工作主要集中于S矿，只有5个孔进尺974m位于K矿。

第三阶段（1967年2月—1976年）：又对K矿进行钻探。MMAJ在1972—1976年应缅甸政府之邀，对蒙育瓦地区的矿产资源潜力进行了调查，加入钻探队伍。在S矿和K矿，MMAJ施工了27个钻孔，总进尺6237m，其中在K矿南部和Kyaukmyet施工了3个钻孔以验证IP异常。

第四阶段（1978—1984年）：南斯拉夫RTB-Bor对蒙育瓦地区进行了勘察设计。从1981年到1984年，DGSE进行了钻探，目的主要是圈定矿体。

（4）1998年8月，RSG依据JORC标准建立K矿地质模型，以铜边界品位为0.15%进行了资源储量估算。

（5）2009年4月，受万宝矿产有限公司委托，有色金属矿产地质调查中心及中色地科矿产勘查股份有限公司共同提交了《缅甸实皆省蒙育瓦铜矿资源储量核实报告》。通过本次核实，截至2008年12月31日，以Cu≥0.15%为边界品位圈定矿体，矿区（L矿、K矿、S&Ss矿）保有资源储量（331+332+333）类矿石量115289.32万t，铜金属量5785454t，平均品位0.50%。其中，L矿保有资源储量（331+332+333）类矿石量84861.08万t，铜金属量4345702t，平均品位0.51%；K矿保有资源储量（331+332+333）类矿石量21332.03万t，铜金属量1147660t，平均品位0.54%；S&Ss矿保有资源储量（331+332+333）类矿石量9096.21万t，铜金属量292092t，平均品位0.32%。

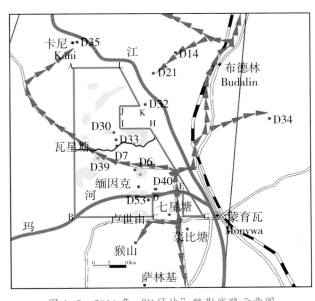

图1-5　2016年"B区块"踏勘线路示意图

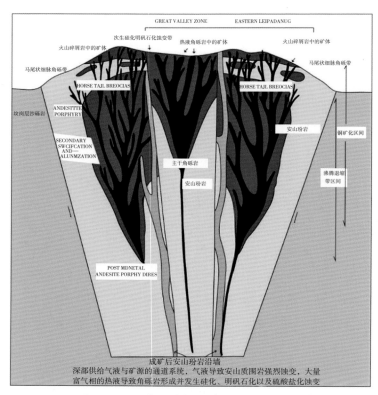

图 1-6　L 矿成矿模式图（据 Mitchell，2010）

表 1-2　2016 年 "B 区块" 踏勘完成主要实物工作量

工作项目	单位	数量	备注
地质、矿产点调查	个	50	全区仅发现 2 处砂金民采点
样品采集	件	64	不含手标本等，岩矿鉴定样品大多取双样
基本分析	件	16	
岩石全分析	件	18	
光谱分析	件	37	
岩矿鉴定	件	27	

（6）2015 年 6 月—2017 年 6 月西勘院完成七星塘铜矿生产勘探地质工作，提交了《缅甸实皆省蒙育瓦七星塘铜矿（K 矿）生产（补充）勘探报告》。

（7）2016 年 8 月，由万宝公司及西勘院组成踏勘小组对七星塘铜矿（K 矿）北侧区域（称为 "B 区块"）进行了野外踏勘，历时 18 天，行程 1500 多千米，完成的工作量见表 1-2、图 1-5。2016 年 10 月完成并提交了踏勘报告，踏勘报告总结并优选出了"B区块"成矿条件有利的找矿区段。

在开展上述勘查找矿的同时，杨玲玲等人（2010）编译了《缅甸蒙育瓦铜矿床：晚中新世浅成热液系统中辉铜矿——铜蓝脉和角砾状岩墙》，文中对蒙育瓦铜矿成矿作用进行了探讨，认为该区矿化作用可以认为是由岩浆源SO₂气体从安山斑岩岩墙根底的结晶熔体中上升，与下渗的大气降水相互反应后凝结而成的（图1-6）。李伟清等人（2017）对七星塘铜矿（K矿）的矿石质量进行了总结研究，赵艳林等人（2018）对七星塘铜矿（K矿）矿床成因进行了分析，均认为该矿床为斑岩型铜矿床经高硫化矿化叠加的矿床类型。郭忠正等人（2020）对莱比塘铜矿（L矿）进行研究后认为，该矿床是高硫化浅成低温热液型+次生富集型铜矿床。

1.4 存在问题

蒙育瓦矿床勘查及开发取得快速进展，一些学者已对蒙育瓦铜矿床进行了相关研究，并取得了重要认识。但整体上看，对矿区基础地质和矿床地质研究仍欠系统和深入，明显滞后于矿产开发的程度。主要表现在：

（1）野外地质观察与室内深入研究有脱节现象。已掌握大量地质素材的野外地质人员限于综合研究时间短促，无暇仔细探讨遇到的一些地质现象，尤其是诸多自相矛盾的问题，多是简单套用"流行性"的经典理论予以解释。

（2）未能把成矿作用建立在扎实的基础地质调查研究之上，对于可能提供主要成矿信息的地层、构造、岩浆岩和近矿及远矿围岩蚀变、矿化及其空间变化性等，很少进一步揭示它们与成矿的具体成因联系。比如，L矿及K矿大规模露天开采后，未能根据新的地质现象及矿化信息，及时总结蚀变-矿化富集规律与矿体空间结构的变化性，致使矿床深边部及高品位富矿找矿方向不明确，进而造成出矿品位及黏土含量变化较大。

（3）对主矿区外围地段的地质研究关注度和投入工作过低，找矿方向及勘察设计依据不明，大大制约了不同阶段勘查工程的合理部署。

1.5 研究工作概况

1.5.1 研究思路及技术路线

根据项目设定的目标任务，本次研究的思路和技术路线概述如下：

（1）点、面结合。首先对蒙育瓦铜矿矿区及外围进行全面调研，重点对蒙育瓦铜矿床进行地质、物探、化探、遥感和成矿环境的分析研究。

（2）理论与实践相结合。在充分收集、综合分析研究项目资料的基础上，应用浅成热液成矿理论，研究火山成矿作用；结合野外地质工作，重点对蒙育瓦铜矿进行采场地质剖面测量，确定地层层序、火山旋回、火山作用的时空演化特征等。

（3）宏观与微观相结合。进行矿床学研究，建立矿床地质模型。涵盖矿床地质特征；矿床地球物理；矿床地球化学，包括稀土元素、微量元素同位素特征等；成矿作用研究，包括控矿条件、成矿环境、成矿类型、成矿规律等。

根据项目研究思路，制定如下技术路线方法组合：基础地质研究—矿化类型及其时空分布规律研究—矿床地球化学研究—矿床成因及成矿模式—找矿信息及标志提取—找矿预测和靶区优选—研究报告编制。

1.5.2　工作概况

本次研究工作围绕任务目的及工作部署，分以下阶段进行：

2020 年 3—4 月：准备阶段。系统收集分析主矿区及外围已有地质成果资料，并进行综合分析和整理，明确研究方向和重点解决的问题，制订室内外研究的详细计划。

2020 年 4—11 月：室外野外调查及室内综合研究交替进行。4 月开展 1/5 万遥感解译，5—9 月到野外进行 1/5 万路线地质调查、采场地质剖面测量、部分钻孔编录、样品采集等工作，10 月进行以往物探测量剖面的收集整理、送样测试等工作，获取蒙育瓦斑岩铜矿床特征信息。

2020 年 12 月—2021 年 3 月：对新、老资料进行综合整理、综合研究，编制、修改、完善研究报告。

1.5.3　主要完成工作量

本次研究工作历时 1 年完成，主要工作包括 1/5 万遥感解译、1/2 千露天采矿场实测地质剖面、钻孔编录 2400m，同位素、流体包裹体及稀土元素样品测试分析等。先后对蒙育瓦铜矿四个矿床及外围进行了大量的野外地质调查研究，并重点对蒙育瓦铜矿区的莱比塘铜矿（L 矿）和七星塘铜矿（K 矿）进行了综合对比研究工作。完成的主要工作量如表 1-3 所示。

表 1-3 本次研究工作完成工作量

工作内容	单位	完成工作量	备注
野外调查工作时间	天	150	
1/5 万路线地质调查	km	200	
1/5 万遥感地质解译	km^2	500	
1/2 千露天采坑地质剖面测量	km	10	
钻孔编录	m/ 孔	2400/7	对以往钻孔编录
岩矿分析（光薄片）	件	50	
铅同位素分析	件	3	
硫同位素分析	件	3	
微量元素分析	件	5	
稀土元素分析	件	5	
流体包裹体岩相学观察	件	17	
流体包裹体测温分析	件	5	

第二章

区域地质背景

2.1　大地构造单元及构造演化

　　蒙育瓦铜矿床位于缅甸中央盆地西缘，处于冈瓦纳和劳亚两大古陆的边缘汇聚部位。由于两大陆壳板块边缘的裂离、增生、俯冲、碰撞等多种地质作用的交替变化，造就了这一地区多期次叠加和转换的复杂构造格局。区域上，自西而东依次可分为5大地质单元及若干次级地体（图2-1）。

　　（1）西克钦邦—若开邦结合带（Ⅰ）

　　该结合带位于印度板块的俯冲带一侧，呈北北东向带状延伸。由于被实皆—勃固右行平移断裂（F₃）所切错，可划分为北段和南段。北段称西克钦邦结合带（I₂），位于

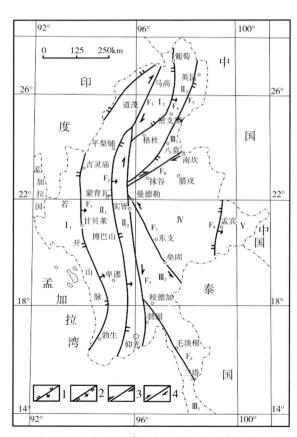

图 2-1　缅甸构造单元分区及矿床分布示意图

实皆—勃固右行平移断裂（F_3）与葡萄—格杜逆冲断裂（F_4）之间。南段称钦邦—若开邦结合带（I_1），位于那加山—若开山逆冲断裂（F_1）以西地区。

①钦邦—若开邦结合带（I_1）

本结合带的地质发展史划分为 2 个阶段，即白垩纪—中新世早期的新特提斯洋的演化阶段及中新世晚期—全新世的陆内演化阶段。

地层以新生界为主，白垩系—中新统下部主要为海相浊流沉积岩系，含丰富的石油与天然气。白垩系、古新统尚具沉积混杂现象，前者夹细碧玄武岩及少量硅质岩，形成于大陆斜坡、深海盆地。在兰里岛附近，渐新统发育一套海相火山岩。中新统上部—全新统为山间磨拉石沉积。

岩浆活动分属燕山期和喜马拉雅期。其中，燕山期岩浆岩主要为构造蛇绿混杂岩。岩石类型为橄榄岩、蛇纹岩、辉长岩、闪长岩。橄榄岩具强烈蛇纹石化，含铬铁矿，产温石棉，风化后形成红土型硅酸镍矿。蛇绿岩的岩浆活动时期可能为晚白垩世，并在中新世中期发生迁移而重新定位。喜马拉雅期侵入岩与喷出岩均有出露，岩浆活动时期为始新世晚期—中新世中期。侵入岩沿断裂带呈岛链状分布，以基性、中性侵入岩为主，呈岩床、岩墙状产出。喷出岩出露在孟加拉湾的兰里岛一带，为中基性凝灰岩、中基性火山集块岩。

②西克钦邦结合带（I_2）

地层具结晶基底和盖层组成。其结晶基底称抹谷岩群（Pt_1MG），为一套视厚度逾千米的区域变质杂岩，由片麻岩、孔兹岩、麻粒岩、片岩、大理岩组成。盖层以古近系为主，主要为海相浊流沉积，特征与钦邦—若开邦结合带（I_1）相似。中新世晚期—全新世为山间磨拉石沉积。

岩浆岩主要出露于葡萄—道茂一带，为构造蛇绿混杂岩。岩石类型为纯橄榄岩、橄榄岩、角闪橄榄岩、异剥橄榄岩、辉石岩、角闪石岩。蛇绿岩在强烈的构造作用下，呈大小不等的构造透镜体沿结合带呈北东向带状产出，其与围岩均为断层接触。

区内已知矿种为翡翠、铬、镍、铂、钯、滑石、菱镁矿、石棉、蓝晶石等，成矿主要受构造蛇绿混杂岩带的控制。翡翠岩产于蛇纹石化橄榄岩的核部，风化后形成残坡积、冲洪积矿床。超基性岩具铬、镍、铂钯、滑石、菱镁矿、石棉矿化，铬铁矿可构成小型矿床。超基性岩风化后，形成红土型硅酸盐镍矿床。在低温高压变质带中，可形成蓝晶石矿床。

（2）西缅甸—苏门答腊弧盆系（Ⅱ）

该弧盆系呈北北东向带状延伸，又由于被实皆—勃固右行平移断裂（F_3）

所切错，可分为北段和南段。北段称密支那岛弧带（II₃），位于葡萄—格杜逆冲断裂（F₄）与英昆—八莫伸展断裂（F₅）之间；南段位于那加山—若开山逆冲断裂（F₁）与实皆—勃固右行平移断裂（F₃）之间。以平梨铺—卑谬伸展断裂（F₂）为界，南段又可划分为2个单元：西侧为蒙育瓦—勃生岛弧带（II₁），东侧为瑞保—仰光弧后盆地（II₂）。

①蒙育瓦—勃生岛弧带（II₁）

在缅甸当地，蒙育瓦亦称望濑，为此该岛弧带又被称为望濑—勃生岛弧带。其地质发展史可划分为岛弧期和陆内演化期。前者为始新世—中新世早期，后者为中新世晚期—全新世。

岛弧期分布最广的地层为岛弧期勃固群（E₃–N₁PG），次为古新统—始新统。前者为厚度巨大的海相复理石沉积，后者为近岸海陆交互环境的含煤陆源碎屑沉积。陆内演化期的地层主要为伊洛瓦底江群（N₁–QpYL），以河流湖泊相含煤陆源碎屑沉积为主。

岩浆活动时期主要为古近纪。岩石类型以安山岩、角闪安山岩、辉石安山岩、英安岩、流纹岩为主，次为流纹质集块岩、粗面岩、角闪辉石安山岩、橄榄玄武岩、苦橄玄武岩、粗玄岩、凝灰岩。有同质异相的次火山岩、浅成岩相伴产出。沿敦东、扎耶钦敦江两岸，均发现有火山口。

矿产主要为铜、油气，次为膨润土、高岭土、石膏、陶土等。其中，蒙育瓦铜矿床常被前人归属黑矿型与浸染型矿化之间的过渡类型。膨润土、高岭土、石膏、陶土等沉积矿产主要分布在新近纪沉积盆地中。本带（II₁）还是缅甸最主要的油气带。

②瑞保—仰光弧后盆地（II₂）

该弧后盆地地质发展史与蒙育瓦—勃生岛弧带（II₁）相同，仍划分为岛弧期和陆内演化期。弧后盆地（II₂）与岛弧带（II₁）地层特征相似。不同之处为：弧后盆地火山岩较少，沉积物中火山成分不多，部分地层形成于较深水环境。

岛弧期岩浆活动划分为3期：a.晚三叠世—早白垩世为安山岩、英安岩，有黑云花岗闪长岩、石英闪长岩、花岗岩相伴产出；b.晚白垩世为花岗闪长岩，相伴产出的喷出岩为英安斑岩石英斑岩；c.早渐新世为安山岩、粗面岩，有英云闪长斑岩相伴产出。

陆内演化期（晚中新世—早更新世）仍有岩浆活动。岩石类型主要为橄榄玄武岩、紫苏玄武岩及次火山岩，有基性侵入岩呈岩墙侵入。

矿产主要为金、油气，次为黏土、煤矿。金矿以火山热液石英脉型为主，分布在北部的文多地块内。上新统中夹耐火黏土和煤矿。油气主要分布在锡当盆地、勃固背斜及莫塔马列海湾。

③密支那岛弧带（Ⅱ₃）

出露地层主要为结晶基底，称为抹谷岩群（Pt_1MG），为中深级变质的区域变质杂岩，岩石组合与我国滇西的高黎贡山群较为相似。在密支那以南，沿伊洛瓦底江分布的盆地中，形成厚度巨大的新近纪河湖相含煤陆源碎屑沉积。本带未见岛弧沉积，推测是剧烈隆升后，岛弧期沉积已被剥蚀。

火山岩产于古近系中，岩石类型主要为玄武岩、安山岩、玄武质凝灰岩，组成若干喷发旋回，具岛弧火山岩特征。在因道支湖北东一带，有花岗质杂岩出露；八莫以北地区，有晚白垩世—古近纪的超基性岩、辉长岩分布；加韦附近有超基性、基性岩呈构造岩片状产出。

成矿作用主要受构造蛇绿混杂岩带的控制。密支那等地的翡翠矿床均与超基性岩有关，是世界上质量最佳、数量较多的翡翠集中产地。超基性岩中还具铬、镍、铂、钯、滑石、菱镁矿、石棉矿化，其中铬铁矿可构成小型矿床。超基性岩风化后，多形成红土型硅酸盐镍矿床。

（3）腾冲—马来半岛造山带（Ⅲ）

该带位于缅甸东部瑞保—仰光弧后盆地的东侧，呈"S"型带状延伸，可划分为3个二级构造单元，即北段的八莫陆缘弧（Ⅲ₁）位于英昆—八莫伸展断裂（F₅）与南坎—抹谷右行平移断裂（F₆）之间；中段的毛淡棉陆缘弧（Ⅲ₂）位于曼德勒—垒固左行平移断裂（F₇）与锡当—三塔左行平移断裂（F₈）之间；南段的德林达依地块（Ⅲ₃）位于锡当—三塔左行平移断裂（F₈）以南地区。

①八莫陆缘弧（Ⅲ₁）

该陆缘弧是我国滇西冈底斯—察隅弧盆系之斑戈—腾冲岩浆弧的南延部分。

地层主要为结晶基底和浅变质的上古生界。结晶基底称抹谷岩群（Pt_1MG），是我国滇西瑞丽—陇川一带的高黎贡山群之南延部分。上古生界多以冰水、冰筏沉积为特征，构成我国滇西腾冲地区上古生界的南延部分。

花岗岩呈带状出露，是我国滇西腾冲、梁河含锡花岗岩带向南西方向的延伸，其中当彬花岗岩是本带最大的岩体。当彬花岗岩的全岩Rb-Sr法同位素年龄值为340±34Ma，属晚泥盆世—石炭纪。

矿产主要有3个成矿系列：a.晚燕山期—早喜马拉雅期花岗岩形成以岩浆期

后热液型锡为主的多金属成矿系列，矿产地主要分布在南坎、抹谷以北地区；b.花岗伟晶岩脉型白云母、绿柱石矿化及铌、钽、独居石砂矿化，产地主要分布在杰沙以北、以东地区；c.区域变质作用形成的石墨矿化及热液变质型菱镁矿化。

② 毛淡棉陆缘弧（Ⅲ₂）

其地质发展史划分为 2 个阶段，即奥陶纪—中三叠世的原特提斯、古特提斯演化阶段及晚三叠世—第四纪的陆内演化阶段。

奥陶系—中三叠统为海相沉积，各地层单元间表现为平行不整合及不整合接触关系。奥陶系—志留系以泥质碳酸盐岩为主，具稳定型沉积特征。进入泥盆纪后，地壳开始剧烈拉伸，岩性岩相变化明显。上古生界、下中三叠统主要为（钙质）砂岩、钙质页岩、砂质页岩夹碳酸盐岩及火山岩，属次稳定型沉积。上三叠统—白垩系为陆相红色陆源碎屑沉积，与下覆地层呈角度不整合接触。

花岗岩称皎施—格劳—东吁花岗岩亚带，呈北西向展布，向南东方向与泰国的清迈花岗岩相连，属东南亚含锡花岗岩带中带的北延段。岩石类型主要为花岗闪长岩、石英二长岩、黑云二长花岗岩，次为细晶岩、伟晶岩。岩浆活动时期主要为燕山期，可能与东侧的三叠纪—白垩纪特提斯洋演化有关。

喷出岩主要有 2 个时期，主要有：志留纪喷出岩出露于克伦邦平达，产于瓦拜组（$S_{2-3}wb$）中，岩石类型主要为流纹岩、流纹质凝灰岩，可能属陆缘裂谷产物；三叠纪—白垩纪火山岩出露于皎施—格劳一带，岩石类型主要为斑状流纹岩、英安岩，与东侧的三叠纪—白垩纪特提斯洋演化有关矿产主要为锡矿，次为锑、油页岩及煤。锡矿类型以锡石–黑钨矿–石英脉型矿床为主，并分布有热液型锑矿化。毛淡棉东北新生代盆地的上新统中产油页岩，杰西的上新统有褐煤产出。

③ 德林达依地块（Ⅲ₃）

以出露大面积的二叠系厚层灰岩为特征，而志留系—石炭系仅在剥蚀较深的地段局部出露，少量中三叠统呈残留顶盖产出。石炭系称普吉群（Cpj），为一套夹浊积岩的粗碎屑岩系。岩系中夹大量的"含砾板岩"，属冰筏、冰水沉积，地层特征与中国滇西腾冲地区的勐洪群（DCM）相似。志留系—泥盆系在泰国称北碧组（SDbb），主要由板岩、千枚岩、变质砂岩及石英岩组成。

花岗岩形成于晚白垩世—古近纪，划分为 2 个时期，即早期花岗岩不含锡，为角闪花岗岩、黑云二长花岗岩；晚期花岗岩含锡，为电气白云花岗岩。岩体中有后期含锡、钨的电气石伟晶岩脉、石英脉及基性岩脉侵入。

在德林达依省的墨吉岛，有石炭纪火山岩出露。岩石类型为凝灰岩、集块岩、浮岩、流纹岩及流纹斑岩。

本地块是缅甸最主要的锡、钨成矿带，有3种类型：主要类型为锡石—黑钨矿–石英脉型、锡石–黑钨矿–云英岩型矿床；次要类型为花岗伟晶岩型矿床，仍为锡、钨共生；第三种类型为含锡、钨花岗细晶岩型矿床，锡、钨含量较低。这3种类型的锡、钨矿经风化搬运后，可形成一定规模的残坡积、冲洪积型砂矿床。

（4）保山—掸邦陆块（Ⅳ）

该陆块位于缅甸中东部的掸邦高原，是我国滇西地区保山地块的南延部分。陆块北为英昆—八莫伸展断裂（F_5），东为孟宾—清迈逆冲断裂（F_9），南为曼德勒—垒固左行平移断裂（F_7），西为实皆—勃固伸展右行平移断裂（F_3）。

昌马支群（Pt_2CM）为一套活动型的浅变质砂页岩，地层特征与我国滇西的公养河群极为相似。古生界为泥质碳酸盐岩、砂泥质岩，属陆表海沉积，特征与我国滇西保山地层分区基本可以对比。上三叠统—白垩系以红色陆源碎屑沉积为主，含膏盐矿产。

花岗岩主要为掸邦高原北部的抹谷白岗岩。火山岩主要有3个时期，即寒武纪火山岩出露于掸邦北部的矿区，产于邦阳组中，为流纹岩夹流纹质凝灰岩；古近纪火山岩出露于掸邦北部，为粗玄岩、煌斑岩、玄武安山岩、英安岩；新近纪火山岩出露于掸邦南西部的东枝拜佩，主要为流纹岩。

宝玉石矿主要产于北部地区。抹谷岩群（Pt_1MG）的白岗岩与大理岩接触带有：高温气成热液交代型红宝石、青金石矿床；伟晶岩型海蓝宝石矿床、黄玉、碧玺、金绿宝石矿床；碱性橄榄岩有关的贵橄榄石矿床。原生的宝石、玉石矿床经风化后，可形成残坡积、冲洪积砂矿床。

铅、锌矿有2种主要类型。一是产于结晶基底中的铅、锌、银多金属成矿系列，属火山气成热液型矿床，如包德温大型铅锌银矿床；二是受奥陶系碳酸盐岩、流纹岩控制的热液脉型铅、锌矿化，共（伴）生有重晶石、萤石等。

抹谷岩群（Pt_1MG）与花岗岩接触带中还产有石英脉型金矿化，原生矿经风化后可形成砂金矿床。

中生代、新生代沉积盆地中产出沉积矿床系列，主要为与纳彬组（T_3nb）有关的蒸发岩矿床及与上新世湖泊沼泽相沉积有关的褐煤矿床。

（5）昌宁—孟连—清迈结合带（V）

此结合带位于缅甸东部。结合带西以孟宾—清迈断裂（F₉）为界，向北、向南分别延入中国、泰国。该结合带延入中国后，与昌宁—孟连结合带/裂谷—洋盆、临沧岩浆弧相连接。本结合带位于缅甸、中国、泰国、老挝结合部位，因交通不便，其地质研究程度极低。

古元古界为一套强烈混合岩化的中深变质岩，夹沉积变质型铁矿床，为我国滇西大勐龙岩群（Pt₁D）的南延部分。寒武系—泥盆系以砂岩、页岩为主，属次稳定型沉积。石炭系—二叠系多为碳酸盐岩夹基性火山岩。

在孟马—孟敦一带，黑云二长花岗岩呈岩株、岩基状出露。该花岗岩与我国滇西的临沧花岗岩相邻，主体形成于印支期，是昌宁—孟连洋东向俯冲消减、碰撞造山的物质记录。在花岗岩中，局部见少量锡钨及铅银矿化。

2.2　区域地层

缅甸境内出露地层自元古代至新生代均有分布，总厚度可大于20000m。

（1）前寒武系

前寒武系岩石由缅甸北部结晶岩带中强烈构造变质形成的片麻岩和片岩，以及昌－玛依（Chaung-Magyi）和盘昌（Pawn Chaung）序列中强烈褶皱变形的低级变质岩组成。对于这套前寒武系岩石之间的关系，不同学者尚有不同的分类方案。

北部缅甸结晶岩带包括抹谷地区的太古代岩石，从抹谷红宝石矿区（23°N，96°E）沿北东方向一直延伸到中缅边界地区（28°N，89°E）。该带主要由片岩和片麻岩组成，含黑云母、黑云母－石榴子石、石榴子石－硅线石和黑云母－石榴子石－硅线石。这些岩石被更年轻的花岗岩、伟晶岩和正长岩侵入。可能是缅甸北部的结晶岩带构成了部分杂岩基底，其上沉积了下古生界和昌－玛依（Chaung-Magyi）系列。这些结晶岩和盘昌（Pawn Chaung）系列的接触关系尚不十分清楚。

昌－玛依（Chaung-Magyi）系列在东部高地的许多地方都有出露，主要由千枚岩、板岩、变质硬砂岩和石英岩组成，有少量的片岩和大理岩薄层。岩层经受了强烈的褶皱和断裂作用，且普遍被石英网状脉穿切。在抹谷红宝石矿区以南的孟隆地区，昌－玛依（Chaung-Magyi）系列的岩层被电气石花岗岩贯入，局部变质为云母片岩（孟隆云母片岩）。前寒武纪岩石在缅甸北部结晶岩带

（西24°N至26°N地区）以及缅甸最北端的区域可能广泛出露。

在掸邦南部，昌-玛依（Chaung-Magyi）系列作为坪达亚山脉北部大的构造窗出露，不整合下伏于寒武系岩石之下。向南在克耶邦，前寒武系以盘昌（Pawn Chaung）系列为代表，在克耶邦东部的盘昌（Pawn Chaung）与萨尔温江之间出露。该系列岩石包括绿泥石片岩、千枚岩和大理岩。

（2）寒武系

缅甸寒武系岩石的发育只是在最近几年才被识别，主要分布在掸邦的南部和北部。在掸邦的北部，寒武系主要由局部为盘云地层的紫色页岩、砂岩、含长石粗砂岩组成。在包德温矿区，基底盘云地层和属于包德温火山岩系列的凝灰岩、集块岩、火山灰层、流纹岩互层与下伏的昌-玛依（Chaung-Magyi）系列的泥质沉积物，在岩性上有明显差别。

最近在恩圭唐棕红色云母砂岩中发现的三叶虫化石，使得该单元可以归于下寒武统（早先归于上奥陶统）。恩圭唐砂岩可以与掸邦南部的莫罗河群相对比。在掸邦南部，寒武系以莫罗河群为代表，发育于坪达亚山脉的中部和北部。含三叶虫化石的莫罗河群由粉色、紫色和红棕色的云母砂岩和石英岩组成，其次为硬砂岩、粗砂岩、千枚岩、灰岩和白云岩。莫罗河群、恩圭唐砂岩和盘云地层皆不整合上覆于昌-玛依（Chaung-Magyi）系列之上，莫罗河群局部有基底砾岩发育。

（3）奥陶系

在掸邦南部，奥陶系以整合于莫罗河群寒武系之上的坪达亚群为代表，自下而上可分为罗克因组、吴叶组和南昂组三个组，总厚度达2000m。

罗克因组由中-厚层的灰色-浅黄色的软-硬相间的云母粉砂岩及少量的黄色-灰色泥灰岩和硬钙质砂岩组成。其上的吴叶组由厚层灰岩、砂岩和白云岩组成，该组是坪达亚群最厚且分布最广的岩组，主要在坪达亚山脉的南西部出露。南昂组由黄色、浅黄色和浅橘黄色粉砂岩、泥质砂岩和泥灰岩组成，化石丰富，该组的最上部由明显的紫色和粉色的粉砂岩和页岩组成。

在掸邦北部，奥陶系主要作为散布的露头零星出现。在掸邦南部，下-中奥陶统以厚大的属于南康依系列的灰岩、砂质泥灰岩、页岩和粉砂岩为代表，在格特克峡谷出露良好。南康依系列以顶部富含化石和紫色页岩的明显发育（赫威孟紫色层）为特征。

（4）志留系

在掸邦南部，志留系以米巴亚唐群为代表，出露于坪达亚到包沙英山脉之间。该群分为上志留统的岭卫组和中－下志留统的瓦亚组。岭卫组由粉色至灰色的泥质灰岩、钙质泥岩和页岩组成。岭卫组以浅灰色页岩为主，其次有板岩、石英岩，笔石丰富。

在掸邦北部，志留系以嵋尤附近发现的尼昂巴灰岩（以前被认为是下奥陶统）、旁萨匹层的含笔石砂质页岩，以及腊成以东、南西和以南零星出露的纳河寺系列的泥灰岩和砂岩为代表。

（5）上古生界

东部高地的掸邦、克耶邦、克伦邦和孟邦的很大一部分地区，被厚大的碳酸盐岩覆盖。在掸邦北部，拉透策序列可分为泥盆纪下高原灰岩和石炭纪——二叠纪上高原灰岩。在掸邦北部的西部区域，高原灰岩不整合下伏有上泥盆统泽兵衣层局部发育的页岩、灰岩。

在克耶和德林达依地区以及掸邦南部的大部分地区，拉透策下高原灰岩缺失，下寒武统和上高原灰岩或与其对应的上德林达依地区毛淡棉灰岩之间存在着较明显的地层缺失现象。

下高原灰岩在掸邦北部部分地区厚度达 1500m，主要是浅色白云岩，风化后成深灰色，表面见红色铁质氧化物斑点。白云岩普遍成角砾状，除两个已知的含化石层位外（伟特因页岩、帕达克因珊瑚礁），其他未见化石。下高原灰岩垂向上递变为上高原灰岩。后者呈深蓝色、灰色或黑色致密状。上高原灰岩中石炭统——二叠系灰岩因几个层位发现有化石组合而确认，在掸邦南部部分地区（卡垃和河候之间，靠近莫依），这些灰岩向上可能进入下三叠统。

德林达依地区的毛淡棉灰岩由致密块状细晶含化石灰岩组成，产出有石炭纪和二叠纪化石。晚古生代碎屑岩在毛淡棉地区也有发育，即套恩悠系列。该系列含有少量的石炭纪和二叠纪化石。最新的古生代地层以克耶邦所谓的因游层为代表，岩性为薄层状页岩和砂岩，分布于上高原灰岩之上。毛淡棉北部，穿过萨尔温江，有另外的古生界岩石带，即马达班层，为红－浅灰的石英岩与深灰色板岩和炭质页岩互层。该系列含有二叠纪化石。

（6）三叠系

三叠纪地层在掸邦北部零星出露，不整合产于上高原灰岩之上。发现于纳朋以东和南东最大的露头，属于包游群，其组成为庞农蒸发岩（下）、雷蒂亚阶（上）含化石的纳朋组杂色页岩、固结的黏土岩和深蓝色硬石灰岩。赫圣伟的部分地方有 Ehaetic 到 Ladinic 时代的动物群。

在掸邦南部和克耶邦，下－中三叠统沿 21° 15′ N~19° 30′ N 之间的北北西—

南南东向的断裂带带状分布，为含菊石的浅灰色白云质灰岩和夹黏土的鄼嵋–康德克灰岩。在某些地方，鄼嵋–康德克灰岩直接沉积于上高原灰岩之上，说明在掸邦南部的某些地区，从二叠系到三叠系的碳酸盐岩沉积是连续的。

在上德林达依的孟邦，上三叠系以缅—泰边界卡马卡拉地区含方解石脉的灰色晶质石灰岩为代表。石灰岩含有保存不好的菊石、腕足动物门、瓣腮纲、珊瑚、藻类等，表明其时代为 Carnich 到 Noric。

三叠系在阿拉坎永马和钦山东部的丘陵地带也有分布，如强褶皱的深灰色页岩和板岩中存在的 Daonella lommeli 和 Halobia 物种所显示的那样。

（7）侏罗系

在掸邦北部，侏罗系以纳姆尤系列为代表，出露于依斯堡、腊戌、依盛卫地区，不整合于高原石灰岩之上。该系列下部单元是塔迪灰岩，由深红色到紫色砂岩、页岩和细粒致密灰岩组成，上部单元以依斯堡红色砂岩、页岩和黏土岩为代表。动物群含有腕足动物门、瓣腮纲化石，表明了纳姆尤系列的下部属于 Bothonian 到 Collvian （中侏罗纪）时代。

在掸邦南部，罗依安系列出露于 19° 30′ N 到 20° 15′ N 之间的北北西—南南东向强褶皱带。该系列不整合于三叠纪鄼嵋–康德克组和石炭纪勒博茵群之上，可以分为下部浊积岩单元和上部互层的砂岩、粉砂岩、页岩单元，含有一些砾岩和灰岩的小扁豆体珊瑚层发育于后者的上部。罗依安系列除了含有丰富的阿莱龙属、双壳类、介形类和菊石外，煤层中还发现了代表侏罗纪的植物群。

在孟邦，侏罗系以粉红、红到紫色，细粒到中粒，局部含砾的砂岩和杂色黏土岩组成的红色砂岩系列为代表。在黏土中，发育有含瓣腮纲遗迹化石的薄层灰岩。该系列分布于缅泰边界毛淡棉的北北东地区。红色砂岩中的砾岩层含有毛淡棉和卡马卡拉灰岩的角砾。

向南，在丹老以西的一些岛上也发现有红色砂岩系列，不整合覆于丹老系列之上。

掸邦南部的卡拉红色砂岩由红色粉砂岩、砂岩和砾岩组成，不整合沉积于罗依安系列之上，在缺少化石的情况下，其年代尚不能确定，但可能是晚侏罗纪到白垩纪。

（8）白垩系

白垩系广泛出露于阿拉坎永马和钦山以东的轴部地区，在西部与下第三系的关系由于复杂的构造面模糊不清。地层主要由破碎、格皱、固结的页岩和砂岩以及少量的砾岩和灰岩组成。晚白垩纪岩石在莎页姆的阿拉坎永马的东部山坡、民布和琶口库地区（中细甸）发育良好。阿拉坎永马沉积物的一个特征是在22°N的南部发现了属早第三纪复独石序列的灰岩外来体。在超基性侵入体（如堪装莱特地区）的附近，岩石常常蚀变为治石片岩、千枚岩、云母片岩及大理岩。同样是白垩纪，相似的岩石类型向北形成了娜轧丘陵。小的、分散的、含有化石的灰岩、页岩和砂岩在须光山谷、八英以北和南西以及克钦邦的玉石区出露。

在克不巴和拉姆助岛以及若开海岸区南部，晚白垩纪岩石呈小的、孤立的深灰色、机对硬的页岩，以及砂岩、灰岩和层状燧石出露。

卡暴组典型地沿卡暴米莎山谷分布，主要是深灰色页岩，含有从晚白垩纪到古新世的动物群，不整合地伏于庞依组之下。

（9）第三系

掸邦—德林达依高地以西缅甸的大部分地区被第三系覆盖，第三系可以分为3个大的单元，按由下而上的顺序，始新统、怕古群（渐新统—中新统）和伊洛瓦底群（上新统—更新统）。应当注意的是缅甸第三系沉积物中没有明显的石灰岩沉积。

始新统岩石带从缅甸最北部沿娜轧丘陵、钦邦丘陵和阿拉坎永马直到安德曼海的科科岛分布。该节东部界限几乎与中央火山带平行。区域上，在东部，中央带的始新世沉积物由磨拉石相的交互沉积的页岩和砂岩组成，局部有少量的浅海相灰岩；向西，以页岩为主。

（10）始新统

始新世岩石最完整的剖面总厚度达到12 000m，位于中缅甸的民布西部露头，可以进一步划分为6个组，自下而上分别是庞依、朗舍、提林、塔茵、庞当和雅戊组。庞依组主要由砾岩组成，庞当组和提林组主要由砂岩组成，朗舍、塔茵、雅戊组主要由泥岩组成。总体上，始新统显示了一种从南部海相到北部陆相渐变的过程。在琶口库地区，庞当组含有大量脊椎动物门化石。

始新统与其上的岩石以不整合接触，该不整合在伊洛瓦底三角洲的北部和亲墩江地区最为明显，但是在过渡地区，与较新沉积物的关系不是很清楚。

西部始新统岩石在岩性上、沉积岩石特征上和固结及变形程度上与中央带大不一样。前者主要由深灰色板岩或板状页岩、硬砂岩组成，常见外来的石灰岩岩块。外来的石灰岩主要有两种类型，第一种是含晚白垩纪化石的深海灰岩，第二种是含始新世化石的浅海礁灰岩。构造上，西部沉积物以由于倒转褶皱作用、层内逆冲作用和滑动造成的层序重复为特征。

总体上，东、中、西三个地区地层分布、沉积厚度及缺失情况差异极大，大致以实皆断裂及若开板块结合带为界，分为3个地层区，分别为掸邦地层区、伊洛瓦底江地层区和若开地层区。

掸邦地层区从元古界至第四系均有沉积，但中寒武统、下第三系普遍缺失，部分地区缺失诺立克—瑞替期沉积。各系、统之间多为假整合或不整合接触。

伊洛瓦底江地层区为中部弧后盆地中新生代海相浊流与陆相三角洲相沉积区。新生代地层厚度大于1700m，可分为两个大群和12个岩组，其中始新统上部夹煤层，中新统中下部及渐新统上部有含油气层。

若开地层区包括若开板块结合带及其以西地区，即印缅山脉、若开海岸—篮里岛—切杜巴岛及孟加拉湾，主要为近代海相浊积岩—复理石沉积区。

缅甸的近3/4由沉积盆地覆盖，在东部的中生代盆地中划分出3个大的沉积阶段，依次为石炭纪—二叠纪白云岩和灰岩沉积，三叠纪—侏罗纪灰岩、泥灰岩、粉砂岩和页岩，以及晚侏罗纪—白垩纪页岩、粉砂岩和砂岩（红层）沉积。

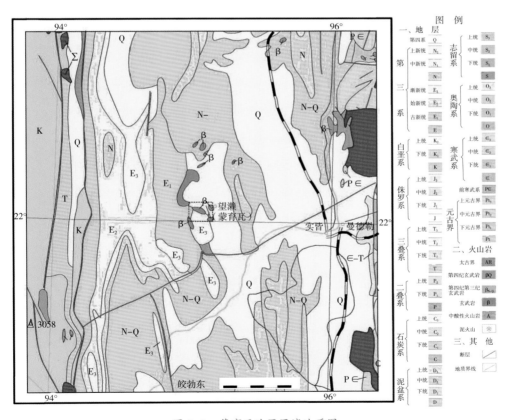

图 2-2　蒙育瓦地区区域地质图

在西部和中部的第三纪盆地中，分布着 4 个主要的沉积序列，依次为上白垩统至中始新统上部、上始新统、渐新统和中新统—上新统。掸邦边界断层将西部的印—缅第三纪地槽与东部的印支—掸邦台地隔开。

第三纪地槽即众知的缅甸弧早喜马拉雅造山带向南的延伸，并与贯穿印尼的班达弧相连。晚白垩世的 Laramide（早阿尔卑斯）造山运动导致了原始冈瓦纳地块的分裂，形成沉降带。早第三纪的阿尔卑斯造山运动使沉降带进一步变宽，晚第三纪期间，由于坡固—沃玛复背斜（中缅甸盆地）的沉降，造成沉降带向东扩展至现今的掸邦边界断层处。缅甸西部位于印度板块以东，东南亚其他地块以西的地壳区，是印度板块东部右旋转换边缘的一部分。

蒙育瓦区域地层总体上是以中生代白垩系（Cretaceous）一套基性的辉长岩、辉绿岩为基底；上覆古近系和新近系（Tertiry）砂岩、泥岩、火山碎屑岩，以及第四系（Quaternary）冲积及洪积物构成的盖层（图 2-2、表 2-1）。

表 2-1　蒙育瓦地区区域地层简表

界	系	统	组	代号	厚度（m）	岩性简述	
新生界（KZ）	第四系（Q）	全新统	冲洪积	Qal+pl	＞20	为河流近代的冲积物及洪积物组成，由分选性较差的黏土、砂土、砾石以及含卵石与砾石砂岩组成	
		更新统					
	新近系（N）	上新统	马吉岗组	N1,2m	800	整合接触于渐新统达马帕拉组（Oligocene Damapala）地层之上，由薄层状砂岩、粉砂岩、泥岩及各种火山碎屑岩组成，厚800m	新近系晚期侵入的安山岩–英安岩体（π），为主要成矿母岩
		中新统					
	古近系（E）	渐新统	达马帕拉组	E3d	300	岩性主要为砂岩，由分选性良好、次圆–滚圆状、透明–半透明石英碎屑组成，胶结物为黏土及碳酸盐。于蒙育瓦矿区范围内未出露。达马帕拉组（Oligocene Damapala）为浅海相，是蒙育瓦盆地最老的岩石单元	
		始新统	波温塘组	E2,3p	500	是区域内最老的地层，岩性主要为砂岩。于蒙育瓦矿区范围内未出露	
中生界（MZ）	白垩系（K）	—	—	—	不清	构成区域地层基底，岩石为辉长–辉绿岩。在该区范围内，仅于部分火成角砾岩内见到残块，其余均未见	

2.3 区域构造

缅甸的区域大断裂主要有9条（图2-3）。

（1）那加山—若开山逆冲断裂（F_1）

F_1断裂的北段位于印度与缅甸交界的那加山脉，南段位于缅甸西部的吉灵庙、甘贝莪、若开山脉一线。断裂北延后，大致在中印缅边境被实皆—勃固右行平移断裂（F_3）所截。断裂向南延伸入海后，沿印度尼西亚的安达曼群岛南西侧、苏门答腊岛南西侧向南东方向延伸。

那加山—若开山逆冲断裂（F_1）呈微弧状近南北向延伸，缅甸境内长逾1280km。断裂向东倾斜，主要表现出逆冲断裂特征，强烈活动时期为中新世中期。断裂西侧大面积分布古新世—始新世的海相深水浊流沉积、滑塌沉积。

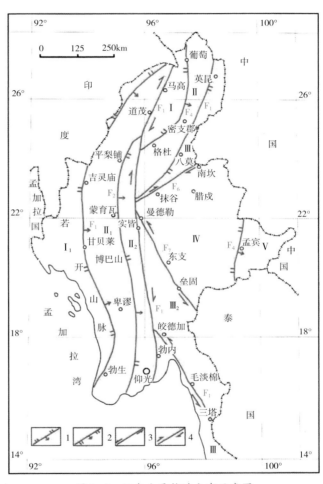

图2-3　缅甸主要构造分布示意图

断裂东侧分布古近纪、中新世的火山岩。沿断裂带产出的构造蛇绿混杂岩，迁移定位时间可能属中新世中期。超镁铁岩主要由纯橄榄岩、方辉橄榄岩组成。

在全球构造方面，该断裂为印度洋板块与亚欧板块结合带的东边界断裂，至今仍有强烈活动。印度尼西亚的火山活动、泰国普吉岛附近的印度洋海啸，均与该断裂的重新活动有关。

（2）平梨铺—卑谬伸展断裂（F_2）

断裂位于缅甸西部，大致与缅甸中部平原的西边界相吻合，断裂北延至平梨铺以后形迹不清，可能在杭巴被实皆—勃固右行平移断裂（F$_3$）所截。F$_2$南延至卑谬后，被伊洛瓦底江冲洪积扇覆盖。继续往南入海后，断裂可能沿印度尼西亚的安达曼群岛北东侧、苏门答腊岛中部向南东方向延伸。

平梨铺—卑谬伸展断裂（F$_2$）呈微弧状近南北向延伸，与那加山—若开山逆冲断裂（F$_1$）平行相伴产出，长逾1050km。F$_2$断裂向东倾斜，主要表现出伸展断裂特征。断裂主要活动时期为古新世—中新世中期，由弧后扩张引起，在断裂东侧形成灰色含煤陆源碎屑岛弧沉积。中新世中期—更新世早期，断裂仍在活动，在断裂东侧形成山前平原特征的河湖相沉积。

（3）实皆—勃固右行平移断裂（F$_3$）

F$_3$断裂北起缅甸的胡冈谷地，沿伊洛瓦底江南延至实皆，再沿锡当河延至勃固，入海后沿丹老群岛西侧延伸，至泰国普吉岛后形迹不明。

实皆—勃固右行平移断裂（F$_3$）大致沿东经96°线呈近南北向延伸，在缅甸境内长逾1100km。断裂可能向西陡倾，早期（古新世—中新世中期）可能表现出伸展特征，晚期（中新世中期—更新世）右行平移现象明显。早期伸展使缅甸中部平原相对下降，灰色含煤陆源碎屑岛弧沉积分布于断裂西侧。晚期右行平移明显错断那加山—若开山逆冲断裂（F$_1$）和平梨铺—卑谬伸展断裂（F$_2$）。

（4）葡萄—格杜逆冲断裂（F$_4$）

F$_4$断裂位于缅甸北东部。断裂北起葡萄，沿迈立开江南延至甘高山脉北西侧南端，被实皆—勃固右行平移断裂（F$_3$）错断。从断裂特征、对地质体的控制作用看，F$_4$断裂极有可能是那加山—若开山逆冲断裂（F$_1$）的北延部分。

葡萄—格杜逆冲断裂（F$_4$）呈近南北向弧状延伸，在缅甸境内长逾480km。断裂向东倾斜，主要表现出逆冲断裂特征，强烈活动时期为中新世中期。断裂西侧大面积出露古新世—始新世的海相深水浊流沉积、滑塌沉积，显示出前渊带沉积特征。断裂两侧均有呈构造岩片状产出的基性岩、超基性岩，所反映的板块构造环境与那加山—若开山逆冲断裂（F$_1$）基本一致。

（5）英昆—八莫伸展断裂（F$_5$）

F$_5$断裂位于缅甸北东部。断裂北起中缅边境，沿恩梅开江南延至甘高山脉南东侧南端，被实皆—勃固右行平移断裂（F$_3$）错断。从断裂特征、对地质体的控制作用看，F$_5$断裂极有可能是平梨铺—卑谬伸展断裂（F$_2$）的北延部分。F$_5$断裂沿中缅边境的担打力卡山主峰北延后，应与印度河—雅鲁藏布江板块缝合带的北边界断裂相连接。

英昆—八莫伸展断裂（F$_5$）呈近南北向弧状延伸，缅甸境内长逾520km。

断裂西侧地层有零星分布的新近纪灰色含煤陆源碎屑岛弧沉积，有构造岩片状超镁铁岩、镁铁岩出露，还有花岗岩呈岩株状产出，总体显示岛弧环境特征。断裂东侧主要出露抹谷岩群的中深变质岩、浅变质的上古生界、岩株状黑云二长花岗岩，地质特征与我国滇西陇川、瑞丽地区的高黎贡山岩群、浅变质的上古生界基本相似。

（6）南坎—抹谷右行平移断裂（F_6）

F_6断裂位于缅甸北东部。断裂北起中缅边境，沿瑞丽江南延至抹谷西侧，被实皆—勃固右行平移断裂（F_3）错断，F_6断裂为我国滇西龙陵—瑞丽断裂的南延部分，断裂向北东至龙陵后，被基本沿高黎贡山主峰延伸的高黎贡山逆冲推覆断裂接替。进入西藏后，应与班公错—东巧—怒江缝合带相连接。

南坎—抹谷右行平移断裂（F_6）呈北东向延伸，缅甸境内长约210km。断裂表现为一陡立的强烈挤压带，略向北西倾斜。断裂早期（晚白垩世）具逆冲推覆特征，北西侧的古元古界中深变质岩压覆于南东侧的二叠系、下–中三叠统的碳酸盐岩、陆源碎屑岩之上。断裂晚期（第四纪）右行平移。断裂北延至我国滇西芒市三台山，沿断裂有构造蛇绿混杂岩出露。在断裂南侧，为缅甸著名的包德温铅锌矿床。

（7）曼德勒—垒固左行平移断裂（F_7）

F_7断裂位于缅甸南东部。断裂北起曼德勒南侧，向东南沿缅泰边境的他念他翁山脉延伸。在他念他翁山脉南段，该断裂与孟宾—清迈断裂（F_8）交汇。至泰国曼谷北部，该断裂被北西西向的大城府（泰国）—暹粒（柬埔寨）左行平移断层错断。在曼德勒以北，该断裂被实皆—勃固右行平移断裂（F_3）截断。从断裂两侧的地质体特征分析，该断裂很可能是南坎—抹谷右行平移断裂（F_6）的南延部分。

曼德勒—垒固左行平移断裂（F_7）呈北西向延伸，缅甸境内长逾67km。断裂向南西倾斜，早期（晚白垩世）可能表现出逆冲推覆特征，与中特提斯洋封闭有关。断裂南西侧广泛出露的侏罗纪—白垩纪花岗闪长岩，成因类型均属Ⅰ型花岗岩，形成于火山弧环境，构造背景为中特提斯洋壳向西俯冲消减。断裂晚期（第四纪）表现出左行平移特征。

（8）锡当—三塔左行平移断裂（F_8）

F_8断裂位于缅甸南东部。断裂北起皎德加西侧，向东南经毛淡棉至缅泰边境的三塔。在皎德加西北，F_8断裂被实皆—勃固右行平移断裂（F_3）所截，断裂南至泰国碧武里北侧，进入泰国湾。

锡当—三塔左行平移断裂（F_8）呈北西向延伸，在缅甸境内长逾65km。断裂可能向南西倾斜，早期（晚白垩世）表现出逆冲推覆特征，构造背景与中特提斯洋的封闭有关。断裂晚期（第四纪）表现出左行平移的特征。

（9）孟宾—清迈逆冲断裂（F_9）

F_9断裂位于缅甸东部。断裂北延进入我国滇西地区，与沧源断裂相连接，是昌宁—孟连带蛇绿混杂岩带的西边界断裂。F_9南延进入泰国后，沿清迈、达府一线呈近南北向延伸。继续往南至他念他翁山脉南段，与曼德勒—垒固左行平移断裂（F_9）交汇。

孟宾—清迈断裂（F_9）的主体位于中国和泰国，缅甸境内长约220km。断裂向东倾斜，总体上表现出向西逆冲的运动学特点。断裂东侧的上古生界为被动大陆边缘沉积、洋盆沉积，西侧为下古生界被动大陆边缘沉积。此现象与我国滇西沧源断裂两侧的地质情况完全可以对比。

2.4 区域岩浆岩

缅甸境内构造岩浆活动具有分布面广、活动期次多、延续时间长、侵入岩体类型多的特点。自西向东可划分为3个构造岩浆岩带，分别为那加—若开构造岩浆岩带、中部浆岩带和掸邦构造岩浆岩带。

那加—若开构造岩浆岩带受那加—若开断裂带控制，南北长1200km，东西宽8～15km。沿板块结合带，新生代时期有广泛的基性、超基性岩、蛇绿岩呈链带状分布，可细分为若开—印缅山脉西部及印缅山脉东部两个亚带。

中部火山岛弧构造岩浆岩带是苏门答腊岛弧带的北延

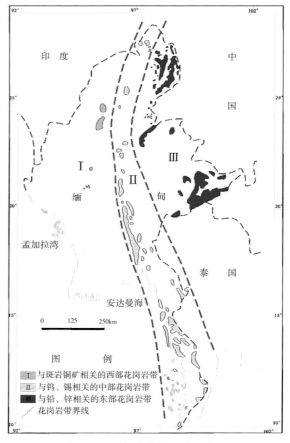

图2-4　缅甸花岗岩分带示意图

段，区内北起马高以东，经平梨铺、卑谬至勃生东侧进入安达曼海。岩浆强烈活动期为始新世—中新世，由超基性－基性－中酸性小型岩体和类型复杂多样的火山岩组成杂岩带，内有成带状的泥火山分布。岛弧型火山岩带呈南北向延伸，可细分为东西两个火山杂岩亚带，西带即钦敦江—博巴山亚带，以内岛弧火山杂岩及泥火山岩分布为主；东带即葡萄—道茂—文多—莫塔马湾亚带，为弧后盆地，边缘有一受实皆边界断裂控制的含基性、超基性界墙、岩床及次火山岩杂岩带。岩石大都蛇纹石化，常见铬铁矿化、石棉化，有翡翠产在岩体中部。这些岩体侵入在白垩系至始新统地层中，并使围岩接触变质作用。

掸邦构造岩浆岩带分布在实皆边界断裂及其以东的中缅山脉—掸邦—德林达依广大地区，属大陆边缘构造岩浆岩带，是一条由多期、多类型岩浆岩组成的复合型构造岩浆岩带，活动期次含元古代—新生代各个时期，但以白垩纪和第三纪为主，岩浆类型包括酸性、碱性、中性、基性及超基性各种岩浆侵入和火山活动。

与成矿作用相关的花岗岩带主要有三个（图2-4），呈南北向分布，自西向东依次分别为与斑岩铜矿相关的西部花岗岩带（Ⅰ）、与钨、锡相关的中部花岗岩带（Ⅱ）和与铅、锌相关的东部花岗岩带（Ⅲ）。西部花岗岩带（Ⅰ）岩石主要分布在文索和班马克一带，时代为晚白垩纪到早始新世。此外，还发育有更年轻的安山岩、英安岩、流纹岩、粗面岩和少量玄武岩；中部花岗岩带（Ⅱ）从北部的葡萄、玉石产区米特克依那，向南沿抹谷、曼德勒、考克斯、亚梅圣、频马那、唐谷、罗依考、特沃依、丹老一直到考商呈狭窄的南北向线性条带分布，与钨、锡矿化密切相关；东部花岗岩带（Ⅲ）岩石主要分布在南尚、最栋、塔智理克、八莫、米特克依那以东地带，主要与铅、锌、铜、金矿化有关。

缅甸中部盆地西缘蒙育瓦区域自早三叠纪、古近纪、新近纪到第四纪更新世，不断有岩浆喷发活动，其中较大规模有三次：

（1）早三叠纪玄武－安山岩浆喷溢活动：该次岩浆喷溢活动形成了一个西北背斜，主要由大面积熔岩流与火山碎屑岩组成，内夹有少量沉积岩。

（2）新近纪中新世的安山质火山与侵入活动：是蒙育瓦地区斑岩铜矿形成的主要构造岩浆活动，呈岩墙或岩床产出。本期岩浆活动形成大量的安山质、英安质熔岩，火山碎屑岩和许多安山斑岩、英安斑岩小侵入体及许多隐爆角砾岩墙，形成了蒙育瓦地区矿床的直接成矿母岩。

（3）第四纪更新世玄武质岩浆喷发活动：形成面状分布及火山坎岗层中的玄武岩流。

2.5 区域矿产

缅甸境内内生及外生矿床均与其地质构造密切相关，不同构造单元有其特定的成矿系列。例如，三叠纪的沉积岩是石油、天然气潜在的储积场所；而在火成岩浆侵入的地方，热液岩浆在交替进入邻近地区的围岩的复杂过程中，产生了锡、铜、锌、镍及金、银等原生矿物。

缅甸矿产资源种类繁多，储量丰富。主要矿产有石油、天然气、玉石、红宝石、蓝宝石、铜、铅、锌、钨、锡、锑、金、银、镍、铁等（表2-2）。目前，缅甸已发现各类矿产80种，探明储量者近50种。已知产地223处，其中具大、中型矿产规模者30处。

缅甸已知的铜矿床（点）超过50处，其中大型矿床有7处，见图2-5。

Lemyethna铜矿：位于Rakhine-Chin-Naga山脉的基性/超基性岩构成蛇绿岩带的最南端，形成于火山–海水界面环境，具有沉积型层控矿床的特征。

Ahpaw铜矿：位于Monywa铜矿的南南西侧，赋矿岩石为蛇纹岩，铜硫化物呈细脉状、网脉状和浸染状分布。

Mt.Viictoria铜矿：位于Shangalon铜矿的南西侧，铁硫化物和铜硫化物呈浸染状分布于黑色板岩、千枚岩和火山碎屑岩中，延伸超过8km。

Shangalon铜矿：位于Monywa铜矿的南西侧，为一斑岩型铜矿床。

Nankesan铜矿：位于Monywa铜矿的北西侧，含黄铜矿和磁黄铁矿的细脉充填在穿切基性/超基性岩的南北向断裂中，铜资源量约18万t（品位4%），矿石中金品位为0.3μg/g。

表2-2 缅甸矿产资源状况

发育状况	矿产
极富	翡翠、红宝石、蓝宝石、石灰石
富	铜、铅、锌、锡、钨、铁、金、煤、重晶石
较富	锑、银、镍、石膏、石油、天然气
贫	铬铁矿、锰、铂族元素、放射性矿产、钻石、农肥矿产、萤石、矾土、汞、高岭土、长石、石英、蒙脱石、云母

Bawdwin铜矿：位于Monywa铜矿的北东侧，铜矿化与其他硫化物伴生，呈脉状充填在花岗岩中。

Mt.Popa铜矿群：位于Monywa铜矿的南东侧，包括Sabetaung、Kyisin–taung

和LepadaungTaung斑岩型矿床，均位于火山岩中的，其中，LepadaungTaung的资源量为400百万t（品位0.49%）。

（1）锑矿床

缅甸已发现超过30个锑矿床（点），局限分布于Shan-Tanintbaryi带，延伸超过1000km。大部分锑矿与同构造石英-辉锑矿脉和角砾岩有关，主要赋存在灰岩和页岩中，且受断层控制。Shan州北部的辉锑矿赋存在晚古生代的碳酸盐岩中，而对于南部的Mergui沉积序列，辉锑矿主要赋存在晚古生代碎屑岩中。另外，锑矿也发育在硫化物矿石（如Bawdwin）或钨锰铁矿中（如Tanintharyi）。在Mandalay市Meikhtila以东的Lebyin地区，辉锑矿脉呈带状分布，分布范围为2000m×150m，表现出层控特征，仅赋存在强烈褶皱的黑色页岩、泥岩、砂岩和层间角砾岩中，并发育后生裂隙，硅化普遍。这一地区锑资源量达7.4万t，品位4wt%~6wt%。锑矿床主要集中在Kayah州的首府Loikaw市。Konsut（Loikaw市附近）地区的辉锑矿赋存在硅化带石英的囊状构造中，硅化带呈NW向，宽约15m，地表出露长度超过2km。另外，在Peinchit地区，缅甸地质调查和矿产勘探部也发现了若干锑矿床。这两个地区锑矿资源量达26万t（品位14wt%~18wt%）。Mon州的

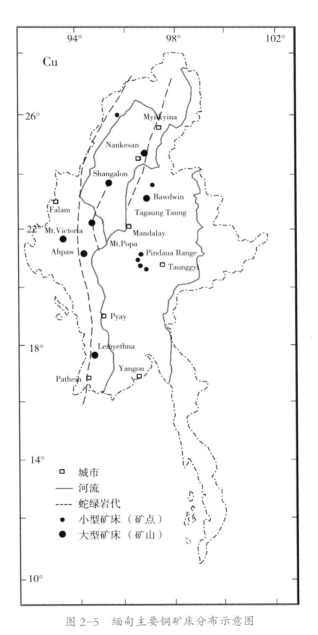

图2-5 缅甸主要铜矿床分布示意图

锑矿床沿Taung山脉西部呈带状分布，延伸超过100km。其中，仅Kyvaikkami地区的锑资源量就达2.2万t（品位5wt%～10wt%）。该州其他地区的锑矿资源量约11.6万t（品位4wt%～6wt%）。目前为止，缅甸最著名的锑矿床位于缅泰边界附近Kayin州的Thalyu地区，已发现7条具有经济价值的矿脉。其中最大的一条超过6m宽，长约200m，矿石品位较高。

（2）铬、镍和铂族元素矿床

这三类金属矿与三条蛇绿岩带有关。西部蛇绿岩带南北延伸1000km，最南端和最北端分别以Pathein和Naga山为界。中部绿岩带位于Indawgyi湖以西，延伸至宝石矿区。东部蛇绿岩带位于TagaungTaung，其南端向北延伸至Kachin州Myitkyina以北的Kumon山脉。

铬矿床在缅甸广泛分布，主要与南北向蛇绿岩带有关。在西部蛇绿岩带，铬矿床分布在Hinthada、MindonThayelmyo、Sidoktaya-Ngape、Mindat-Kanpetlet、Saw和Mwetaung-Kalemyo等地区。其中，Mwetaung地区蛇绿岩套的纯橄榄岩层中，至少已发现40处矿床（点），矿石呈块状，部分为结核状，氧化铬的含量和Cr/Fe比值范围分别为35wt%～58wt%和2.4%～4.0%。其他重要的铬矿床（点）主要位于TagaungTaung地区，氧化铬主要分布在纯橄榄岩层的边缘，厚约150m，也有一些氧化铬沿Tagaung断块的边缘分布。矿石呈块状，氧化铬含量较高（42wt%～58wt%），Cr/Fe比值大于3.0。

缅甸有两个重要的红土型镍矿床，分别位于Chin山的Mwetaung地区和Mandalay以北的TagaungTaung地区，这两个矿床都形成于热带气候条件下超基性岩的差异风化作用。Mwetaung超基性岩面积约60km²，含镍红土呈带状沿几条南北向构造分布。其中，4号带资源量约1千万t（品位1.15wt%），该带以北的6号带也具有重要的经济价值，延伸4.8km，矿石资源量1亿t。Tagaung-Taung地区超基性岩地表呈椭圆状，面积约95km²。含镍红土位于Mandalay以北约200 km，分布在Ayeyarwady河东岸，垂向分层明显，从上到下依次为红土盖层、褐铁矿带、残积带、母岩，资源量约4000万t，品位为2.15wt%，矿体为镍含量1.4 wt%以上的风化层，多位于残积带。在Bawdwin地区，镍与铜、钴共生，形成于铅、锌矿化之后，仅发育在矿体南部靠下的部位。

缅甸的铂族元素矿床（点）主要分布在Chindwin盆地，铂族金属一般与金共生，赋存于第四纪砾石中。AU/PGM比值范围为1～10，铂族元素包括Pt-Fe组合和Os-Ir-Ru组合，并以后者为主。Kachin州Indawgyi湖南西方向分布的砾石也富集PGM，粒径3 mm，距其源岩较近。

（3）金矿

缅甸金矿化区可分为3个主要的成矿省（下文以A、B、C表示）。A成矿省位于Wuntho断块，浅成低温热液型含金石英脉主要产出在一系列新近纪火山岩和沉积岩中。在该成矿省已发现的矿床包括Bamauk、Pinlebu、Wuntho、Kawlin和Kan-balu。位于该成矿省的Kyaukpahto矿山是缅甸唯一一个采用现代化技术开采黄金的矿山，矿体位于Wuntho断块的东南缘，金矿化沿NW向分布，发育在强烈硅化、角砾状砂岩的石英中。B成矿省位于Shan-Tanintharyi带的西缘和北缘，金矿化赋存在前寒武纪ChaungMagyi浅变质沉积岩序列和Mogok序列较老的高级变质岩中。在该成矿省已发现的金矿床包括Thabeikkyin PhayaungTaung、Kyaukse-Ye Yeman和Pyinmana。其中，Phayaung-Taung矿床位于Mandalay以北40 km，载金矿物为石英，矿石资源量约为300万t，品位为4.8μg/g。该矿床发育层控型矿体，被认为在低级变质条件下金发生了再活化富集作用。C成矿省金矿化与蛇绿岩套火山岩有关，已发现金矿点都位于缅甸北部和西部的蛇绿岩带，目前为止相关的研究还比较少。Lemyethna和Tagaung以东的Imaingdaing-Taung矿床金矿化发育在火山岩的蓝灰色石英脉中，有些伴有铜矿化。另外，Kachin州Shwegu地区附近的Kyaukphyu地区也富集金矿，金矿化位于火山岩和辉长岩的接触带。Nndawgyi湖地区、Uyu和Hukaung河形成的冲积型金矿表明，该成矿省可能也是相关的铂族金属矿产的来源。

（4）铅锌-银矿床

缅甸已报道的铅锌-银矿床（点）超过100处，几乎都分布在缅甸东部，范围大致自Kachin High-lands、北部的Mogok Belt，经Shan-Taninthary Belt延伸至最南部Myeik群岛。

Bawdwin矿床是缅甸最著名的铅锌-银矿床，研究程度也最高，在规模和品位方面都位居世界前列。块状、高品位铅锌银矿化发育在NNW向分布、近垂直的寒武纪Pangyun组剪切破碎带。主矿体为一大型块状硫化物矿体，走向长度约800m，宽度平均为7~17m，最宽处达47m。该矿床已有上百年的开采历史，随着储量逐年衰减，近地表的氧化物矿石逐渐成为主要的开采对象，氧化物矿石储量约为1千万t（Pb+Zn品位为9%）。Mogok Belt发育的沉积型铅锌-银矿床主要产出在ChaungMagyi组变质沉积序列中，具有层控特征，分布范围自Mandalay北部，经Mohochaung和Yadanatheingi矿山及Bawdwin矿山以北，延伸至中缅边界附近的Lufaung矿山，形成一条长约200 km的铅锌-银矿带。碳酸盐型铅矿带分布范围自Mandalay附近开始，经Pindaya山脉、Bawsaing矿区，并向南延伸约 150km，发育密西西比河谷型矿化。钻探数据表明，最南部的 LaungHkeng 富锌碳酸盐矿床发育 23 万 t 菱锌矿（Zn 品位 35wt%）。铅矿化发育在 Phaungdaw 的变质岩和 Yesintaung、Mogok 地区的花岗岩中，并与 Nyaunggyat 地区的侵入体有关。这一类型矿化都分布在 Shan-Tanintharyi Belt 西缘和 Shan Boundary 断层带。Mogok 带 Bawdwin、Mohochaung 和 Lufaung 矿床发育的闪锌矿与方铅矿表现出密切的关系，PL/Zn 比值一般为 2 : 1，但同样位于该带的 Yadanaheingi 矿床矿石锌含量较低。

（5）锡-钨矿

锡-钨矿是缅甸的一种重要矿产资源。缅甸锡-钨矿带位于中南半岛西花岗岩省，该成矿带经 Tanintharyi、Kayin Mon、Kayah 和 Shan 州，延伸至 Pyinmana 以东，绵延 1200km 且北部更为发育。大部分锡石来自冲积型矿床中，而钨则多发育在岩脉中，围岩为古生代 Mergui、Taungnyo 和 Mawchi 组的碎屑沉积岩。

该矿带已发现上百个锡钨矿床（点），其中 Mawchi 矿床规模较大，发育锡钨矿石的石英脉位于花岗岩和灰岩的接触带附近，部分石英脉穿切灰岩。另一个重要的锡-钨矿是 Hermyingyi（Dawei）矿床，含钨石英脉最厚可达 1.5m，生产锡石和钨锰铁矿。另外，在 Myeik（Mergui）地区，随处可见冲积型锡石开采区。目前采矿区主要位于 Yamon-Kazat、Maliwun 和 Theindaw 等地区，其中 Theindaw 地区的锡石还发育金刚石矿化。锡-钨矿床集中出现在 Pyinmana 镇与 Shan 州南部的交界处，包括冲积型矿床和原生矿床。最近在 Shan 州北部与我国云南省交界处也发现了一个冲积型锡石矿，是目前已知最北端的锡矿床，说明缅甸北部也是发现锡矿的潜力地区。另外，缅甸锡钨矿带也是 REE、Nb、Ta 等元素的富集成矿区。

第三章

矿区地质

　　蒙育瓦铜矿区包括七星塘（K矿）、萨比塘和南萨比塘（S&Ss矿）、莱比塘（L矿）四个铜矿床。K矿与S&Ss矿床相邻，面积约2.8km²，L矿床位于S&Ss矿床南东7km处，面积约6km²。K矿和L矿床上均有淋滤帽覆盖，S&Ss矿床上部淋滤帽已被剥蚀。其中L矿规模最大，保有资源储量占矿区总量的75%。矿区平均海拔500m。钦敦江冲积平原海拔约590m，莱比塘和七星塘山丘海拔分别为832m和775m，萨比塘山丘在采矿前海拔655m，南萨比塘海拔略低。目前萨比塘和南萨比塘矿床已经闭坑，七星塘、莱比塘矿床正在露天开采。七星塘矿床处于萨比塘正西山丘之下，莱比塘矿床为一孤立的山丘，被一北东向山谷一分为二。这4个矿床系长达7000km的班达—巽他—缅甸（Banda–Sunda–Myanmar）岛弧最北部的铜矿田（图3–1）。

3.1　地层岩性及主要含矿岩石

3.1.1　矿区地层

　　矿区地层总体上是以中生代白垩系一套基性的辉长岩、辉绿岩为基底；上覆古近系和新近系砂岩、泥岩、火山碎屑岩，以及第四系冲积、洪积物构成的盖层（图3–1、图3–2）。现按由老至新对各地层进行逐一描述：

　　（1）中生界（Mz）

　　白垩系（K）

　　构成矿区地层基底，岩石为辉长–辉绿岩。在矿区范围内，仅于部分火山角砾岩内见到残块，其余均未见有出露，厚度不清。

（2）新生界（Kz）

①古近系（E）

a.始新统波温塘组（$E_{2+3}p$）：是区域内出露较老的地层，岩性主要为砂岩，厚约500m。与上覆地层为整合接触，本层于蒙育瓦矿区范围内未直接出露。

b.渐新统达马帕拉组（E_3d）：岩性主要为砂岩、含泥质条带粉砂岩，由分选性良好、次圆–滚圆状、透明–半透明石英碎屑组成，通常由黏土和碳酸盐胶结，具有明显的层理特征，厚约300m（照片 3–1A~C；照片 3–2A、B）。达马帕拉组（Oligocene Damapala）为浅海相，是蒙育瓦矿区揭露最老的岩石单元。显微镜下可见岩石主要有石英、碱性长石、绢云母，黏土和碳酸盐矿物胶结，且都含有黄铁矿，泥质部分的黄铁矿颗粒较细，粉砂质部分黄铁矿颗粒相应变粗（照片 3–2C、D）。

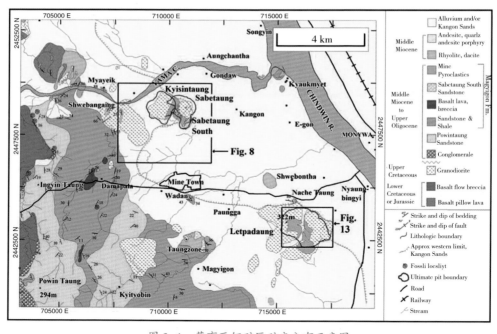

图 3–1 蒙育瓦铜矿区矿床分布示意图

于蒙育瓦矿区范围内仅在七星塘铜矿（K矿）局部钻探工程深部揭露。主要集中在K矿采坑南侧、南西侧的深部，地表未见出露，揭露标高619.60~254.00m，揭露厚度2.28~114.58m不等。岩性主要为灰色、深灰色砂岩、石英砂岩，细粒结构、砂状结构，中厚层状构造，局部夹薄层状泥质粉砂岩，局部夹条带状岩屑，局部具硅化、明矾石化、黄铁矿化倾向北东，倾角10°~25°。与上覆地层为整合接触。

②新近系（N）

中新统—上新统马吉岗组（$N_{1+2}m$）：以较好的形态整合接触于渐新统达马帕拉组地层之上。广泛分布于蒙育瓦矿区及矿区周围，是主要含矿岩体围岩。由薄－中层状火山碎屑岩、砂岩（照片3-1D、E；照片3-2E~H）、粉砂岩组成，厚800m（照片3-3）。火山碎屑岩呈灰色、紫灰色，风化后显褐黄色（照片3-3左上），火山角砾结构、块状构造。火山碎屑成分主要为：安山斑岩、灰黑色砂屑、少量石英，大小在5~20mm之间，呈次棱角状、次圆状杂乱分布，分选较差，胶结物多为砂质，胶结紧密。局部有火山碎屑岩中可见薄层状石膏晶体（照片3-3右上）。砂岩、粉砂岩呈灰色、灰黄色，部分经氧化淋滤呈褐色，砂质结构、薄至中层状构造（照片3-3左下、右下）。倾向110°~118°，倾角15°~40°。岩层厚度185~292m。与下伏地层为整合接触，与矿区中的安山斑岩为断层接触。

照片3-1　砂岩地层手标本（相应的显微镜照片见下图）

A.达马帕拉组粉砂质泥岩，具明显的粗细韵律及纹层（条带）特点；B、C.达马帕拉组粉砂质泥岩，夹粉砂岩条带和透镜体，泥岩和砂岩条带及透镜体中均含有细粒黄铁矿；D、E.马吉岗组，砂岩夹泥岩内碎屑，砂岩中含较多的黄铁矿

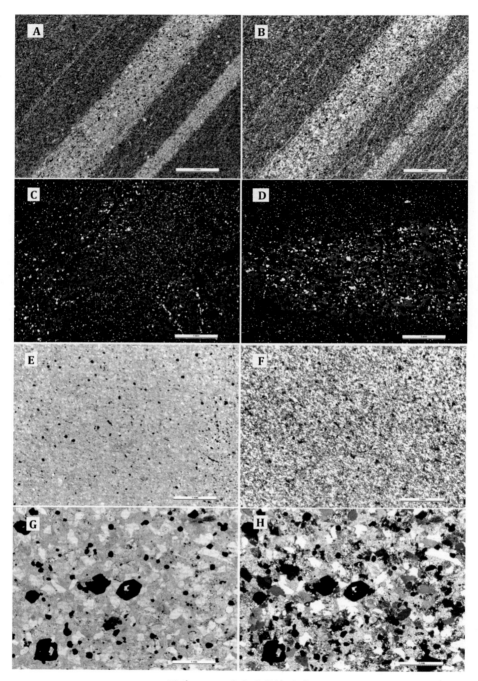

照片 3-2　砂岩显微镜照片

　　A、E、G为单偏光照片；B、F、H为相应的正交偏光照片；C、D为反射光照片。A、B
为照片 3-1B泥岩和粉砂岩的特征；C、D为照片 3-1B反射光照片。显示普遍具热液黄铁矿
化特征。E、F为照片 3-1D泥岩内碎屑部分的显微照片；G、H为照片 3-1D砂岩部分的显微
照片

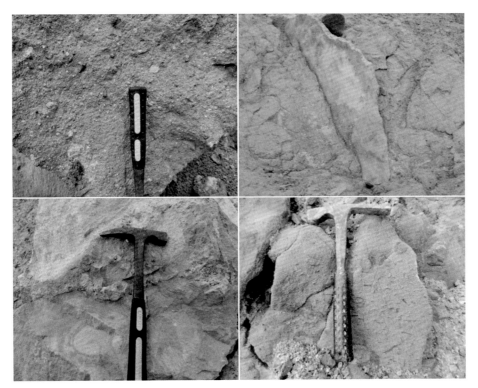

照片 3-3　左上：灰黄色火山碎屑岩；右上：火山碎屑岩中的石膏晶体；左下：灰黄色砂岩；右下：灰色粉砂岩

③第四系（Q）

a.第四系更新统坎岗组（Qpk）

主要分布于矿区周围及山脚。岩性主要为含砂砾石、砂岩、粉砂岩、泥质粉砂岩（照片 3-4）。浅灰色、灰黄色，粉砂质结构，薄层状构造。厚约 40m，产状较缓，东侧向东倾，西侧向西倾，倾角＜25°。不整合覆盖于新近系之上。

照片 3-4　左：粉砂岩；右：泥质粉砂岩

b.第四系全新统（Qh）

第四系全新统冲、洪积层：分布于钦敦江、雅玛河河谷及其支流凹地，为河流近代的冲积物及洪积物组成，由分选性较差的黏土、砂土、砾石以及含卵石与砾石砂岩组成，厚度＞20m。

3.1.2 矿床围岩

蒙育瓦矿床的围岩为黑云角闪安山斑岩、安山斑岩（－闪长斑岩）以及少量的英安岩的岩墙和岩床，其次为少量流纹岩。中新世晚期形成的矿化序层组覆盖于望梭—帕拉岩浆弧之上。

马吉岗组砂岩、火山碎屑岩为蒙育瓦铜矿的主要盖层，但此层在蒙育瓦铜矿4个矿床中与矿体的成矿特点又各有不同。

莱比塘铜矿（L矿）：马吉岗组地层主要分布于主矿体外围，少部分分布于主矿体内成捕房体的体态分布，矿体相对独立，矿体与马吉岗组地层为侵入接触。分布于主矿体外围的马吉岗组地层各岩层几乎不含铜矿化，分布于主矿体内的捕房体部分含铜矿化，但铜品位不高。

七星塘铜矿（K矿）：马吉岗组地层几乎都分布于主矿体外围，与主矿体接触界线明显，为断层接触，矿体几乎完全独立，与围岩界线清晰。马吉岗组地层的各类岩石几乎不含铜矿化。

萨比塘及萨比塘南矿（S&Ss矿）：马吉岗组地层与主矿体没有明显的接触界线，由于构造发育，马吉岗组地层几乎被全岩矿化，组内岩石砂岩、粉砂岩、火山碎屑岩等岩石都含铜矿化，矿体与围岩几乎不能被独立分开。

从以上各矿体产出与围岩的关系图（图3-4）也可以反映出蒙育瓦铜矿各矿床中K矿成矿更加彻底（矿床品位更高），与成矿有关的岩浆活动更加强烈，其次为L矿，再者为S&Ss矿。有色金属矿产地质调查中心2009年提交的《缅甸实皆省蒙育瓦铜矿资源储量核实报告》显示L矿矿床平均品位0.46%，K矿矿床平均品位0.54%，S矿矿床平均品位0.33%，SS矿矿床平均品位0.31%，这也从另一方面充分证实了各个矿床成矿的强烈程度。

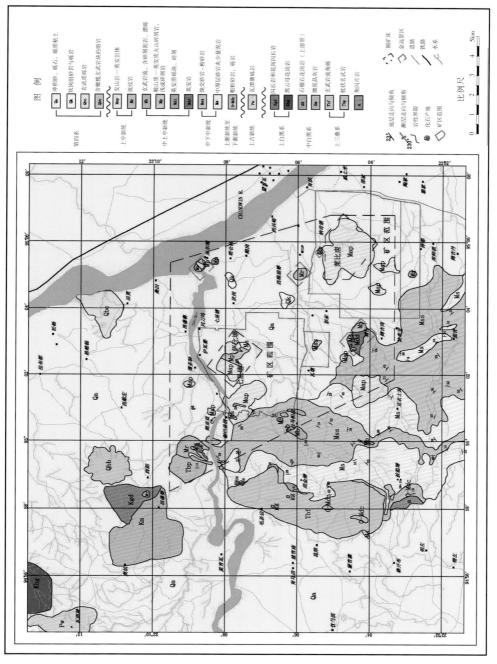

图 3-2 蒙育瓦铜矿区地质简图

时代		地层			柱状图	出露厚度(m)	地层岩性特征描述	
	系	统	组					
新生界（Kz）	第四系（Q）	全新统	坎岗组	Q_h^{apl}	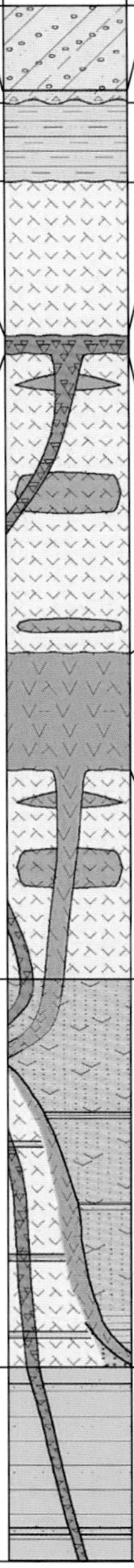	6～100 m	冲洪积层：主要沿雅马河两侧分布，由砂砾、黏土构成	
				Q_h^{edl}		0.5～10 m	残坡积层：主要由斑岩碎块、火山碎屑岩碎块、砂土及人工废石等构成	
		更新统		$Q_p k$		1.0～40 m	砂岩、粉砂岩、泥质粉砂岩：浅灰色，灰黄色，粉砂质结构，薄层状构造。厚约40m，产状较缓，东侧向东倾，西侧向西倾，倾角小于25°。不整合覆盖于新近系地层之上	
	新近系（N）	上中新统（N_{1-2}）		N_1		679～1067 m		安山斑岩：安山斑岩呈灰色-灰白色，斑状结构，块状构造。斑晶主要为斜长石、石英，斜长石斑晶呈自形-半自形，大小在0.6～5mm，含量50%～55%；石英斑晶呈它形，大小在0.1～2mm，含量6%～10%，部分斑岩偶见角闪石、黑云母斑晶，量少。上部安山斑岩由于氧化淋滤作用显黄褐色-紫红色，斑晶大部分已蚀变，部分具气孔状构造。深部，斑晶硅化、云英岩化强烈，斑晶已不明显，大部分呈它形，部分斑晶已完全蚀变呈粒状变晶结构。为矿区主含矿岩层
				$N_1 vhb$		0.5～22 m	火山热液角砾岩：角砾成分主要为蚀变岩、石英岩、少量石英砂岩，角砾大小2～48mm不等，呈次圆状、次棱角状，少量呈棱角状，角砾分布杂乱。火山基至斑岩，胶结紧密。于K矿采区均有分布，大部分呈脉状、岩株状。产状走向北东向5°～25°，倾向南东，倾角较陡，大部分75°～85°	
				$N_1 \alpha\pi$		2.8～141 m	黑云角闪安山斑岩：灰绿～灰色，斑状结构，斑晶由斜长石、石英、黑云母、角闪石组成。长石斑晶呈自形-半自形，大小在1～10mm；石英斑晶呈它形，大小＜1mm，角闪石斑晶呈短柱状，大小在0.1～2mm，黑云母斑晶呈六方片状，大小在0.3～5mm。岩脉产状走向多为北东8°～20°，倾向多为南东，局部也可见西倾，倾角变化较大在55°～80°之间，以陡倾的为主	
				$N_{1-2}\alpha\pi\beta$				
		中上新统（N_{1-2}）	马吉岗组 M	$N_{1-2}m$		＞185～292 m	岩性主要为：火山碎屑岩、砂岩、粉砂岩。火山碎屑岩呈灰色、紫灰色，受风化后显黄褐色火山碎屑岩，碎屑结构、块状构造。碎屑成分主要为安山斑岩、灰黑色砂屑、少量石英，大小为5～20mm，呈次棱角状、次圆状杂乱分布，分选较差。胶结物多为砂质，胶结紧密。局部火山碎屑岩中可见薄层状石膏晶体。砂岩、粉砂岩呈灰色、灰黄色，部分氧化淋滤呈黄褐色，砂质结构，薄至中层状构造。岩层产状倾向110°～118°，倾角15°～40°。岩层厚度185～292m。与下伏地层为整合接触，与矿区中的安山斑岩（安山玢岩）为断层接触	
	古近系（E）	渐新统（E_3）	达马帕拉组（d）	$E_3 d$		＞2.28～114.58 m	岩性主要为灰色、深灰色砂岩、石英砂岩，细晶结构、砂状结构，中厚层状构造，局部夹薄层状泥质粉砂岩。局部夹条带状岩屑，局部具硅化、明矾石化、黄铁矿化。倾向北东，倾角10°～25°。与上覆地层为整合接触	

图 3-3 蒙育瓦铜矿区综合地层柱状图

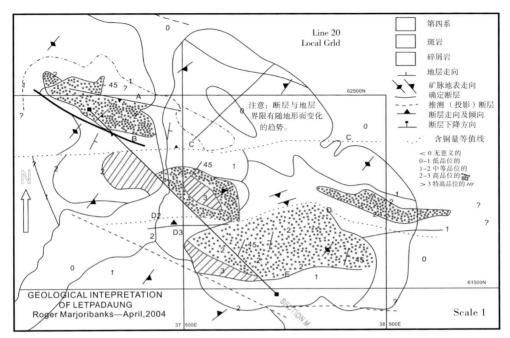

图3-4　蒙育瓦铜矿区莱比塘矿（L矿）矿石品位分布图

3.2　矿区主要构造

蒙育瓦铜矿田位于缅甸中央构造带或中央盆地，处在长逾460km的望梭—帕拉（或缅西）岩浆弧的东侧（图3-5）。矿区西部是钦墩江—敏巫（Chindwin-Minbu）次级盆地，其阿尔必阶到上新世的连续充填沉积岩层厚达10km。而矿区东部为瑞波（Shwebo）次级盆地，出露有大面积的新近纪连续沉积。

中央盆地西部的印度—缅甸山脉包括两个构造带，中间被向东倾斜的大陆俯冲有关的冲断构造系所分隔（Steckler et al., 2008）。在其东部地带海拔3188m处，云母片麻岩之上覆盖有上三叠统复理石岩与蛇绿岩建造。在其西部地带，有一系列强烈变形的森诺期。

深海灰岩、泥岩和浊积岩，其上覆盖有古新世和更晚期沉积的碎屑岩，它们向西逐渐过渡到吉塔岗—特里普拉褶皱带。

作为巽他—安达曼（Sunda-Andaman）弧的北端组成部分，望梭—帕拉岩浆弧呈一条近南北向背斜隆起带产出，出露的中生代地层建造及侵入岩体，表现为4个"构造窗"，即矿区北部160km长的望梭—班茂（Hope shuttle-Ban MAO）"构造窗"，矿区西部规模较小的奥甘（Okkan）"构造窗"，萨林基（Salingyi）和Shinmataung"构造窗"处于矿区南部。这些"构造窗"主要由晚白垩世早期侵入体（闪长质至花岗闪长质侵入体）和第三纪脉岩与岩株所组成，它们均侵入至前阿尔必阶（Albian）玄武岩及局部出露的辉绿岩、角闪岩及片麻岩基底中。

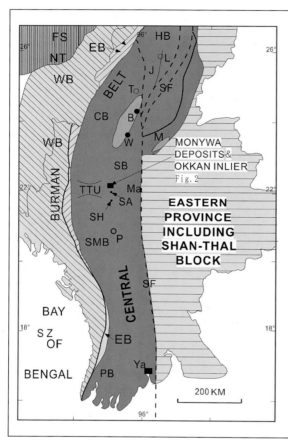

图 3-5　缅甸中北部与蒙育瓦矿田主要构造简图（据Mitchell等，2010）

图例：Ma-曼德勒Mandalay；Ya-仰光Yangon；CTFB-吉塔港-特里普拉（Tripura）褶皱带；FS-印度陆块斯浦尔前陆山嘴；EB-印缅山脉东带；J-印缅山脉翡翠矿隆起；WB-印缅山脉西带；L-劳埃梅厄仑层火山（Mt Loimye）；P-帕拉层火山；T-吞松仓层火山Taungthonlon。NT-纳加（Naga）推覆构造；SF-实皆（Sagaing）断裂；SZ-俯冲带；CB-钦敦江隆起盆地；HB-Hukawng隆起盆地；PB-Pathein隆起盆地；SB-Shwebo隆起盆地；SMB-赛因（敏亚）隆起盆地；M-Mabein花岗闪长岩岩浆弧内中生代天窗；SA-萨林基（Salingyi）岩浆弧内中生代天窗；SH-Shinmataung岩浆弧内中生代天窗；WB-望梭-班茂岩浆弧内中生代天窗

受到始新世以来印度板块向亚洲板块持续碰撞俯冲的影响，缅甸西部的大部分地区和褶断带正在往北部的缅甸地块移动，西部和北部则为印度板块大陆俯冲带所限制，东部边界并被具逆冲-走滑性质的实皆大断层（Sagaing Fault）所局限。显然，矿区所在区域出露的这些"构造窗"和新生代盆地的发育和定位均受到了新生代以来区域挤压构造背景的强烈控制。

3.2.1　褶皱及断裂构造

通过野外调查及遥感卫星解译成果，按其构造性质可将蒙育瓦矿区及其周边区域的构造划分为近南北向及近东西向的褶皱、断裂构造及环状构造等。

（1）褶皱构造

区域褶皱构造主要分布有西北背斜及萨丁宜向斜构造。

西北背斜：分布于矿区西北侧（图3-6），核部为下波温塘组安山斑岩流及韵律砂岩夹纹层泥岩，两翼为上波温塘组微泥晶灰岩和纹层泥岩。

萨丁宜向斜：该构造纵贯全区，轴向为北北西－南南东向，两侧与西北背斜相邻，东侧可抵钦墩江西岸一带。向斜槽部大面积分布有多层火山碎屑岩，两翼为上三叠统火山碎屑岩流夹枕状熔岩、玄武岩岩流和英安岩岩流。

（2）断裂构造

区内断裂主要为近南北向、近东西向、北北东向和北西向断裂，控制着区内矿化（石英）闪长斑岩、火山角砾岩型陡倾斜矿体及火山角砾岩墙（带、筒）的产出（图3-6）。各断层的具体特征描述如下：

①L矿区

L矿区次级断裂构造较为发育，主要有北东向的F1、F2、f2断层，次为北西向的f1、f3、f4断层等（图3-6）。区内铜矿化和热液蚀变明显受到这些构造的控制。

F1（Chindwin Basic）断层：该断层位于矿区北侧，规模较大，为矿区主要断裂，走向310°～320°，倾向NE，倾角较陡，约80°。断层两盘地层标志不明显，为同一套岩性。无明显断层破碎带，局部地段热液蚀变较为明显，属压扭性断裂。为莱比塘铜矿的主要控矿构造。

F2（Monastery）断层：该断层位于矿区南侧，距北面F1断层约1000m，两者近平行，规模较大，为矿区主要断裂，走向290°～300°，倾向NE，倾角近直立。断层两盘地层标志不明显，为同一套岩性。无明显断层破碎带，局部地段热液蚀变较为明显，属压扭性断裂。该断裂也是莱比塘铜矿的主要控矿构造。

在这两条断层之间分布着一系列NW和NE向的次级断层，即f1、f2、f3、f4等断层。其断层特征具体描述如下：

f1断层：位于莱比塘山两山沟谷内部，延伸长度800～900m，属于矿区次级断层，走向约350°，倾向NE，倾角较陡，75°～78°。断层两盘地层同为一套地层及岩性。该地段热液蚀变较为明显，属压性断裂。

f2断层：位于F1、F2之间，延伸长度约2000m，属于矿区次级断层，走向309°～323°，倾向NE，倾角较陡，72°～78°。断层两盘地层及岩性相同，无明显断层破碎带。该地段热液蚀变较为明显，属压性断裂。

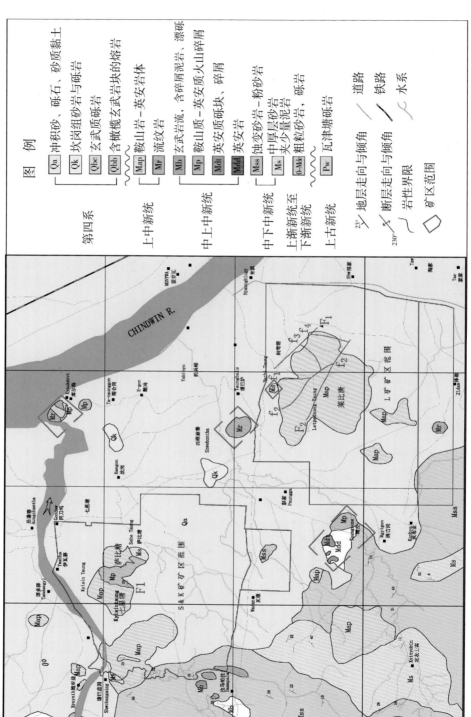

图 3-6　蒙育瓦铜矿区构造简图

f3 断层：位于矿区中部，即 F1 及 f2 之间，与两者基本呈垂直相交关系，延伸长度约 1000m，属于矿区次级断层，走向约 54°，倾向 NW，倾角约 52°。断层两盘地层及岩性相同，地表无明显断层破碎带，属压性断裂。

f4 断层：位于矿区东边，即 F1 及 f2 之间，与两者基本呈垂直相交关系，延伸长度 1000 ~ 1200m，属于矿区次级断层，走向约 10°，倾向 NW，倾角约 68°。断层两盘地层及岩性相同，地表无明显断层破碎带，属压性断裂。

②S&K 矿区

断裂构造发育较单一，主断裂以北东向的 F1 断层为主，其他均为一些次级断裂（图 3-6）。

F1 断层：位于 K 矿区的东侧，它控制着 K 矿含矿安山斑岩体的东部侵入界线。断层走向上呈波状，走向 15° ~ 25°，倾向南东，倾角 75° ~ 85°，从 K 矿采坑边部一直延伸至 S 矿采坑边部。该断层具正断层性质，其上盘（东侧）为马吉岗组火山碎屑岩，下盘（西侧）为安山斑岩体。断层宽度变化较大，0.20 ~ 3.40m，断层面也呈波状，接触部位特征明显，可见较多断层角砾及断层泥充填，充填胶接紧密。断层角砾以安山斑岩、火山碎屑岩为主，大小在 0.15 ~ 15cm 不等，呈次棱角状、次圆状，泥质胶结，胶结松散，局部断层破碎带可见轻微的铜矿化。反映断层具多期活动性。

（3）环状构造

在蒙育瓦铜矿区及外围分布有多个环状构造，均表现为古火山机构，控制着区内中酸性火山岩的产出和分布，也为铜矿床的形成和发育提供了有利的成矿空间。

3.2.2 构造分期及裂隙特征

根据矿化与构造的关系，可将矿区构造划分为成矿前期、成矿期、成矿后期三期断裂及裂隙构造。

（1）成矿前期

此类构造大多为断层构造，即北东向及北西向的构造（F1、F2、f1、f2、f3、f4），为岩浆岩与围岩的侵入接触界线，控制着矿体与围岩的产出。其形成于成矿之前，构造带内几乎不含矿化。

（2）成矿期

本期构造以小型断层角砾岩带、裂隙带为主，为斑岩体侵入期形成的沿各个方向展布的大量张性裂隙，发育于主要成矿期。这些断层、裂隙在几个矿床的斑岩体中均甚为发育，为成矿流体的运移及富集沉淀提供了有利的空间条件，裂隙现在多为含矿脉体。在各个矿床中，多表现为沿北北东向张性裂隙密集产出的细脉带（群）。

除这些主要断层、裂隙外，区内还可见较多北西向至近东西向的次级小断层及裂隙。这些构造常有赤铁矿充填，并受强烈的泥化蚀变及较多石英细脉充填，次生富集的铜矿物（辉铜矿、铜蓝）与其有密不可分的成因关系。这也是造成淋滤帽的不规则底边界形成的重要因素之一。

受矿区主应力的影响，在K和L矿区，这类小构造的优势方向多为北北东向（20°～30°），倾向多集中分布在110°～120°（图3-7左），倾角变化较大，总体较陡70°～80°。在L矿区，北北东向断裂构造伴生大量的节理裂隙，优势结构面主要有三组，即J1 296°∠80°、J2 337°∠84°、J3 17°∠48°（图3-7右）。

根据采坑断面揭露，S&Ss矿区的断裂构造主要有两组，一组走向为北北东向（约44°）占优势，可分别以陡倾角倾向NNW或SSE向；另一组走向为北西向（320°），但相对较少，倾向NE及SW向，倾角也较陡。

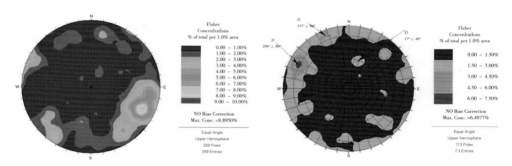

图3-7　左：K矿断裂构造倾向等密度分布图；右：L矿断裂构造倾向等密度分布图

（3）成矿后期

本期断层大致可以分为两种形式。一种是产在成矿后期侵入的热液角砾岩与含矿斑岩体的接触部位。这些后期侵入的热液角砾基本不含铜矿化，角砾多为安山斑岩，大小在0.5～5cm，呈次棱角状，胶结松散，胶结物多为黏土，且黄铁矿化较弱（照片3-5左）。另一种是在晚期侵入的黑云角闪安山斑岩体与含矿斑岩体的接触部位，往往形成一些压性破碎带，断面清晰，错距不明显，部分断层不发育角砾岩带（照片3-5右）。本期断层出露宽度大小不一，多在0.1～0.8m，胶结物多为砂泥质。这些断裂常为角砾和断层泥充填，断裂带旁侧常见片理化带，并见有明矾石小脉、泥化脉等蚀变产出。

照片 3-5　左：成矿后断层；右：成矿后断层

3.3　岩浆岩

3.3.1　矿区侵入岩

蒙育瓦铜矿区内岩浆活动为中新世侵入的岩浆岩，主要分布有 4 种，各个矿床分布岩浆岩稍有差异。

（1）安山斑岩（-闪长斑岩）

典型安山斑岩在手标本上呈紫红色、砖红色。有后期热液脉体的贯入，但矿化较弱（照片 3-6 A、C）。手标本上即可见明显的斜长石、角闪石及黑云母斑晶。显微镜下长石斑晶都已经发生泥化蚀变，角闪石和黑云母也因快速喷出而发生暗化。基质略显交织结构（显微镜下照片见照片 3-7 A～D）。这种岩石普遍矿化较弱。

野外定名为"安山斑岩"的部分岩石，在室内手标本和显微镜鉴定下应该更名为（含石英）闪长斑岩更加确切（照片 3-6 A、C）。这类岩石在手标本上呈现浅灰色，具有典型斑状结构，斑晶主要是斜长石、角闪石、黑云母和少量石英，基质隐晶质。斜长石基本都发生了绢云母和泥化，角闪石和黑云母因快速喷出而暗化及在后期热液作用下发生绿泥石化，斑晶石英也发生了溶蚀，形成港湾状边（显微镜下照片见照片 3-7 E、F）。

照片 3-6　安山斑岩-闪长斑岩手标本照片

　　A、C为典型安山斑岩的岩芯和手标本照片；B、D为闪长斑岩岩芯和手标本照片。A盒岩芯为基本不含矿的安山斑岩，其中安山斑岩有深红色、紫红色和浅绿色，应是热液贯入导致的矿物蚀变以及伴随的褪色。B为含矿斑岩，且显示出典型斑岩型矿床在斑岩体内的细脉状矿化

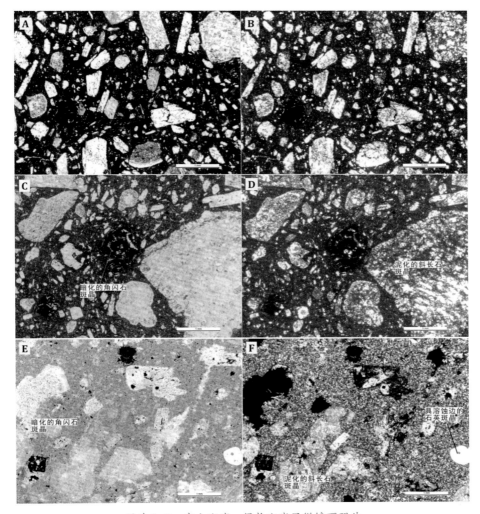

照片 3-7　安山斑岩-闪长斑岩显微镜下照片

　　A、C、E为单偏光照片；B、D、F为对应的正交偏光下的照片；A、B、C、D为安山斑
岩；E、F为闪长岩

　　上部安山斑岩由于氧化淋滤作用显黄褐色-紫红色，斑晶大部分已蚀变，
部分具气孔构造。岩石由蚀变绢云母、石英、少量铁泥质物及其他矿物组成，
部分岩石可见蚀变角闪石、蚀变暗色矿物、蚀变黑云母等，杂乱分布。岩石中
可见钛铁矿、黄铁矿、辉铜矿、铜蓝等金属矿物。往深部，斑岩硅化、云英岩
化强烈，成分相当于英安斑岩，为中酸性侵入岩。由于蚀变，斑晶已不明显，
大部分呈它形，部分斑晶已完全蚀变呈粒状变晶结构。主要成分为石英、长石，
少量明矾石，大部分岩石可见黄铁矿化，部分岩石辉铜矿化，局部可见铜蓝。

　　这些安山斑岩脉呈不规则岩脉状侵入于马吉岗组（$N_{1+2}m$）地层中。于矿区内广泛分布，主要产于几个矿体山体下部，几乎全部遭受强烈蚀变，为矿区主含矿岩层。与围岩为侵入接触关系，呈边缘产状很陡的半月状产出。

安山斑岩–闪长斑岩主要产于山体下部，为中–基性浅成–超浅成侵入岩，总体蚀变强烈，且具有一定的分带特征，具硅化、黄铁矿化、辉铜矿化、明矾石化、叶蜡石化、高岭石化、重晶石化等，是矿区内的主要赋矿围岩。

（2）黑云角闪安山斑岩

这类岩石野外手标本定名为 "黑云角闪安山斑岩"。遭受蚀变（主要为氧化淋滤）的岩石多为白灰色，斑状结构，可明显见残留的斑晶。蚀变弱的岩石外观呈灰绿–灰色，斑状结构明显，基质具微晶质结构，斑晶由斜长石、石英、黑云母、角闪石组成。长石斑晶呈自形–半自形板柱状，大小在 1 ~ 10mm；石英斑晶呈它形，大小 < 1mm，角闪石斑晶呈短柱状，大小在 0.1 ~ 2mm，黑云母斑晶呈六方片状，大小在 0.3 ~ 5mm （照片 3–8）。形成于蚀变安山斑岩之后，且明显切割蚀变安山斑岩体，成分上接近于蚀变安山斑岩，只是斑晶更丰富更大，且蚀变不明显，几乎不含矿化。

照片 3–8　成矿后期黑云角闪安山斑岩手标本照片（左图为岩芯照片）

显微镜下可见岩石具有典型的斑状结构，原斑晶根据晶型可分辨出斜长石、角闪石和黑云母，含少量石英、磷灰石斑晶。基质也主要由斜长石、石英、暗色矿物、方解石、锆石、磷灰石等组成。角闪石和黑云母斑晶大部分已绿泥石化，绢云母化、泥化。斜长石也已经完全绢云母化和泥化（照片 3–9）。

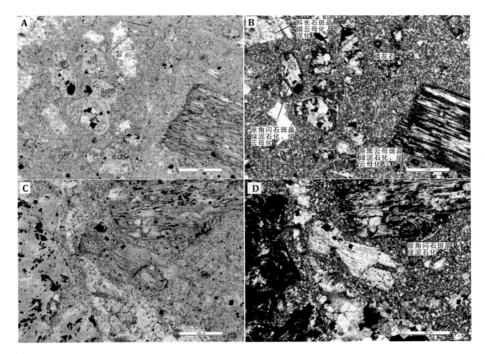

照片 3-9　成矿后期黑云角闪安山斑岩显微镜下照片，岩石已经完全绿泥石化和泥化
A、C 单偏光照片；B、D 为对应的正交偏光下的照片

　　这类岩石内基本不含铜矿化，仅见星点状黄铁矿及稀疏浸染状锐钛矿，偶见星点状磁铁矿。为成矿后岩脉状或岩株状侵入体，形成时间相对较晚，总体蚀变较弱，外观呈深绿-灰色。岩脉产状与矿区主应力形成的断裂及张性裂隙产状大致一致，倾角变化较大，在 55°～ 80° 之间，以陡倾的为主。

　　（3）火山热液角砾岩

　　火山热液角砾岩岩脉（照片 3-10）在蒙育瓦矿区四个铜矿床均有分布，大部分呈脉状、岩株状分布，脉宽从几厘米至几十米不等，靠近断层附近脉体更宽，连续性更好，呈火山热液角砾岩岩墙产出，同时岩墙本身也有矿化和蚀变，角砾岩体控制着高品位原生矿的产出。火山热液角砾岩岩脉产状与矿区主应力形成的断裂产状近似，倾角较陡，部分近于直立。

　　显微镜下鉴定角砾成分主要为蚀变斑岩、石英岩、少量石英砂岩，角砾大小 2～48mm 不等，局部可达 70～80mm，呈次圆状、次棱角状，少量呈棱角状，角砾分布杂乱（照片 3-11）。火山基质胶结，硅化较强，岩石硬度较硬。胶结物主要成分为石英、石英岩碎屑、少量长石。此外还见有较多填隙物，包括石英、明矾石、黄铁矿、闪锌矿、锐钛矿、蓝辉铜矿、硫砷铜矿、铜蓝。金属矿物大多呈星点状、稀疏浸染状分布，黄铁矿普遍分布，含量稍高，细脉状、星点状、浸染状均有分布，以浸染状为主。部分蓝辉铜矿、铜蓝沿黄铁矿边缘分布。

根据钻孔中矿化情况分析，并非所有热液角砾岩中均可见铜矿化，较多热液角砾岩中黄铁矿化含量较高，但几乎不见铜矿化。结合火山热液角砾岩角砾的不同形状，可以推测火山热液角砾岩的形成可能经历了较多的期次，可以推测火山热液角砾岩部分同步形成于成矿期，部分稍晚于成矿期。

照片 3-10　火山热液角砾岩手标本照片

A 为岩芯照片，显示宽的火山热液角砾岩脉，角砾主要是岩石和矿物碎屑，胶结物为岩浆热液中结晶出的石英、黄铁矿以及辉铜矿等；B 为岩浆岩中的火山热液角砾岩细脉；C 为露天采场中的火山热液角砾岩标本；D 为 C 的局部放大，可见到明显的角砾以及胶结物中的充填矿物

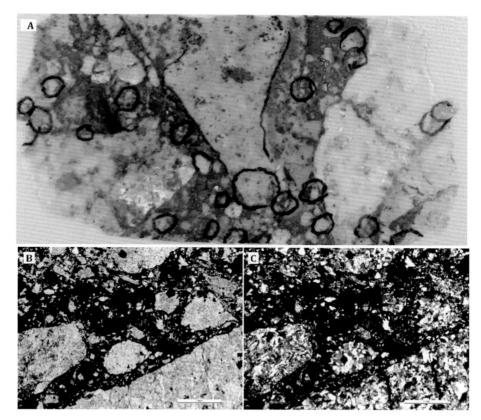

照片 3-11 火山热液角砾岩显微镜照片

A为手标本所切的薄片，可见到明显的角砾，其成分主要是岩石和矿物碎屑，胶结物为岩浆热液中结晶出的石英、黄铁矿以及黄铜矿等；B为显微镜单偏光下照片，胶结物大部分在单偏光下呈黑色，主要是因为其中含有大量的黄铁矿等金属矿物；C为B的正交偏光下照片

（4）火山角砾岩

主要分布在L矿及K矿，主要见于采坑上部台阶，向深部逐渐尖灭，采坑下部台阶无该类岩性出露。角砾岩充填为不规则筒状，宽度从几米到十几米不等。角砾岩筒边缘界线分明，中间为碎裂的角砾充填，两侧为斑岩体，角砾岩筒呈陡倾产出，大体为北北东走向。

角砾成分以蚀变安山斑岩为主，少量石英岩，呈棱角状、次棱角状，大小在 3 ~ 100mm不等，最大可达 300mm。胶结物为黏土化斑岩、硅化斑岩碎屑、褐铁矿碎屑及黏土，胶结一般，硬度稍软。基质受次生氧化物的浸染呈红棕色、褐红色。此类角砾岩通常不含铜矿化或矿化较弱。照片 3-12A、B可见明显的火山角砾呈棱角状、次棱角状，照片 3-12C可见火山角砾岩与安山斑岩接触。显微镜下可见火山角砾的成分有泥化石英砂岩角砾、黄铁矿-石英脉角砾、少量泥质岩角砾以及石英、长石等矿物角砾，填充物主要是矿物碎屑和火山灰（照片3-13）。

3.3.2 矿区火山岩

流纹（斑）岩

仅见于莱比塘山体的北西侧，厚度及分布范围小。岩石呈灰白色，致密坚硬，岩石中局部见少量斑晶，且硅化强度远大于安山斑岩。基质中可见较多的石英显微晶粒，并呈现一定的微条纹状构造，这种流纹构造面理倾向NNE向，倾角70°~80°。

局部呈脉状产出，走向为NNE向，长400m，宽100m，与安山斑岩接触界线明显。未见有铜矿化。

3.4 围岩蚀变类型及分带特点

3.4.1 围岩蚀变类型

蒙育瓦铜矿区岩围岩蚀变强烈，主要有如下几种类型（手标本见照片3-14）。

（1）褐铁矿化、赤铁矿化：是表生作用期由氧化作用引起的围岩蚀变，即由黄铁矿氧化形成的，或与矿后热液及表生期酸性淋滤作用有关。主要分布于上部淋滤带中，沿裂隙面及热液角砾岩岩脉接触面分布。氧化淋滤作用为辉铜矿的富集提供了有利条件也是矿区的一个找矿标志。同时，在深部钻孔中，多见大量赤铁矿化与网脉状铜矿化紧密相伴产出。

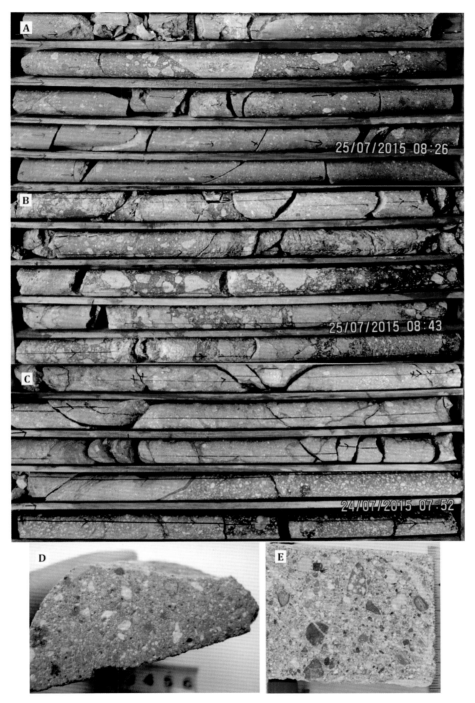

照片 3-12　火山角砾岩手标本照片

　　A、B为火山角砾岩岩芯照片，可见明显的角砾碎屑；C为安山斑岩和火山角砾岩接触带；D、E为手标本照片，显示明显的岩石碎屑和矿物碎屑

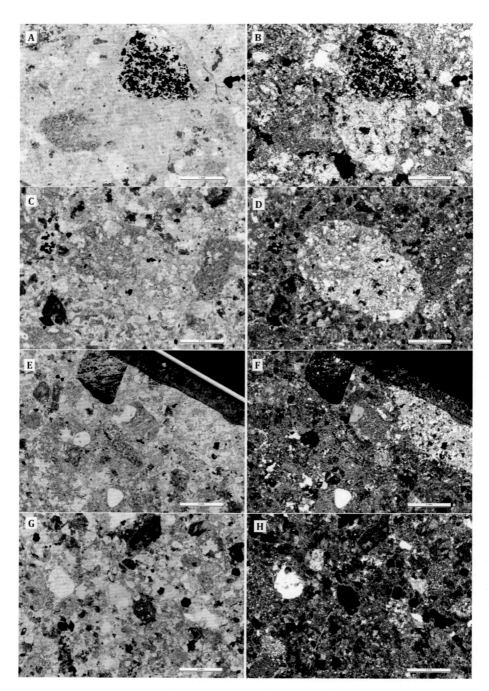

照片 3-13 火山角砾岩显微镜照片

A、C、E、G为单偏光照片；B、D、F、H为相应的正交偏光下照片。照片中显示出火山角砾的成分有岩石角砾、含矿石的角砾以及石英、长石等矿物角砾，填充物主要是矿物碎屑和火山灰

（2）黏土化：分两种情况，一种是发育于含铜矿化斑岩体上部、两侧或火山岩节理面、断裂破碎带两侧的脆性岩石中，由伊利石、叶腊石、泥质物和少量高岭土组成，安山斑岩中的长石斑晶、黑云母斑晶在近地表接受物理风化（氧化淋漓）作用后岩石整体褪色为灰白色–浅灰色黏土，无矿化。另一种是在氧化淋滤带附近至一定范围内（古潜水面影响范围），与构造有关发生次生富集作用而形成的基质富黏土化的现象，此类泥化是矿区斑岩型铜矿寻找次生富集带的主要标志。

（3）绿泥石化：主要分布于晚期侵入的黑云角闪斑岩中，斑岩中的长石、角闪石多被蚀变为绿泥石，岩石多呈灰绿色，是矿体外围的主要蚀变。

（4）绢云母化：绢云母化是由热液作用引起的一种常见围岩蚀变，主要见于斑岩体围岩及上部安山斑岩体中，往往在铜次生富集带的上部斑岩体中，斑岩中的黑云母、角闪石被热液破坏，而长石斑晶得以保留，绢云母呈灰白至浅黄棕色。此类岩石中可见大量受裂隙控制的脉状硫化物及少量透镜状石英，常与绢云母伴生。

（5）黄铁矿化：常与硅化相伴产出，主要沿裂隙带及角砾岩带发育，呈脉状、细脉浸染状、浸染状，部分呈块状、稠密浸染状，与辉铜矿化存在紧密联系。

（6）明矾石化：系低温热液作用于中酸性火成岩所生成的蚀变产物。矿区内在次生富集带内多呈浅黄色–棕色，团斑状分布，原生硫化带内大多呈乳白色脉状、团块状分布，部分钻孔可见明显明矾石晶体。明矾石化主要分布于硅化带内，明矾石化发育地段往往铜矿化都较强，是矿区内重要找矿标志。

（7）硅化：是矿区发育最广泛和最主要的围岩蚀变，在淋滤带（帽）中、火山角砾岩、英安质斑岩、火山热液角砾岩中均有体现，常与黄铁矿相伴生，深部主要的热液角砾岩及含矿脉体基本都被强烈的硅化交代，当硅化与绢云母化发育时，可作为深部原生硫化矿找矿标志。

（8）钠长石化：钠长石强烈的地方，斜长石部分或大部分变成钠长石。

3.4.2 蚀变–矿化关系及分带性特点

蒙育瓦铜矿床露天采场范围有 4 个主要内生蚀变带。由外至内的蚀变带为：外围广泛分布的绿泥石化带，局部镜铁矿化带，石英–白云母–黄铁矿化带或泥化带，石英–黄铁矿或石英–黄铁矿–明矾石化带，而各矿床均未揭露到钾化带。相比于 S 和 Ss 矿，K 和 L 矿发育有更为普遍的交代成因的石英和明矾石带，而绢云母化这较少见。在ASTER图象上，K和L矿的明矾石化也更为强烈。

与典型斑岩矿床相比蒙育瓦铜矿床蚀变分带未揭露钾化带，以石英绢云母化带及泥化带为主，小范围揭露青盘岩化带，成矿作用与这些热液蚀变关系密切，由于围岩条件差异及后期叠加改造各个蚀变带与S、K、L三个矿床的矿化关系不尽相同（表3-1、图3-8~3-10）。

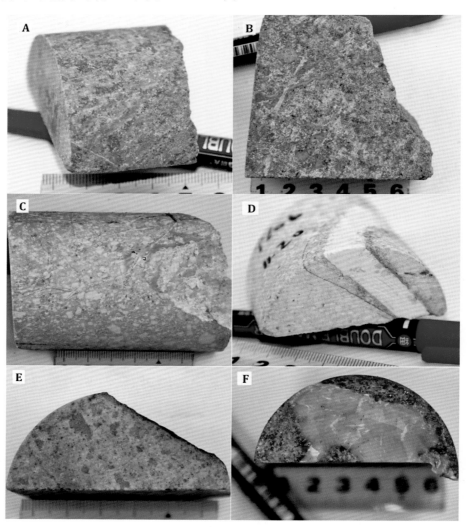

照片 3-14　围岩蚀变

A.黄铁绢英岩化叠加在钾化上；B.青磐岩化；C.泥化；D.高岭土化；E.明矾石化；F.叶腊石化

L矿矿体主要分布于黄铁绢英岩化带，该带绢云母化、硅化、黄铁矿化相伴发生。原岩中的长石不同程度地被绢云母和石英交代，但即使被交代亦有假象保留，故斑岩中的结构仍可见，原有石英均保存，且往往发生次生增大现象，黑云母全部褪色，两端呈方形的淡黄–白色明矾石晶体在基质中普遍发育。这样形成的蚀变岩–绢英岩化斑岩的矿物成分主要为绢云母和石英，同时还有大量石英绢云母黄铁矿细脉贯穿其中。本蚀变带分布于硅化带外缘，二者之间无明显界线，在过渡地带呈交叠和穿插关系，矿化较强。

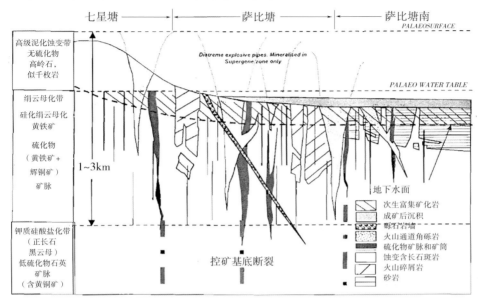

图 3-8　蚀变带垂向分布图

K矿矿体主要分布于硅化带，以强硅化为特征，是本区最基础和最广泛的围岩蚀变。主要表现为石英变斑晶的形成和再生长及基质硅化，并伴有石英细脉（包括石英金属硫化物脉等）的产出，同时可见较多明矾石化及黄铁矿化与之伴生。此带与铜矿化关系密切，此带内原生硫化矿细脉普遍较为发育，矿化较强。

照片 3-15　蒙育瓦铜矿区S矿床露天采场北–西坡面照片

表 3-1　蒙育瓦铜矿床围岩蚀变特征与矿化关系表

蚀变类型		主要蚀变矿物	空间位置	矿化类型	矿物组合	矿石构造	备注
钾化带							各矿床均未见揭露
石英绢云母化带	L矿	绢云母、石英、黄铁矿、明矾石	内部蚀变带	富铜	黄铁矿、辉铜矿、铜蓝、硫砷铜矿、少量黄铜矿和斑铜矿	细脉状、浸染状、角砾状	矿体主要赋存于黄铁绢英岩化带
	K矿	石英、绢云母、黄铁矿、明矾石					矿体主要赋存于硅化带
	S矿	绢云母、石英、黄铁矿					矿体少量赋存
泥化带	L矿	高岭石、绢云母、石英	中间蚀变带	中铜	黄铁矿、磁黄铁矿、辉铜矿、少量黄铜矿及斑铜矿	浸染状、星点状、细脉状	矿体少量赋存，次生富集作用品位较高
	K矿	高岭石、绢云母、石英					矿体少量赋存
	S矿	高岭石、绢云母、绿泥石、石英					矿体主要赋存位置
青盘岩化带	L矿	绿泥石、石英、方解石	外部蚀变带	无铜	黄铁矿、磁黄铁矿	细脉状、脉状、团斑状	矿体外部少量分布，分带边界不清
	K矿	绿泥石、石英、方解石					
	S矿	绿泥石、石英、方解石					

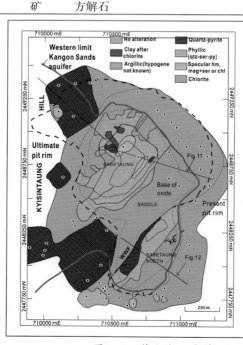

圆圈-钻孔；chl-绿泥石；hm-赤铁矿；mag-磁铁矿；py-黄铁矿；qtz-石英；ser-绢云母；H-高品位带；WWF-西壁断层；XF-纵断层；南萨比塘蓝色区中的红色区为巨砾角砾岩和石英交代砂岩；萨比塘西南部红线为石英黄铁矿交代"矿脉"

图 3-9　萨比塘—南萨比塘矿床蚀变带示意图

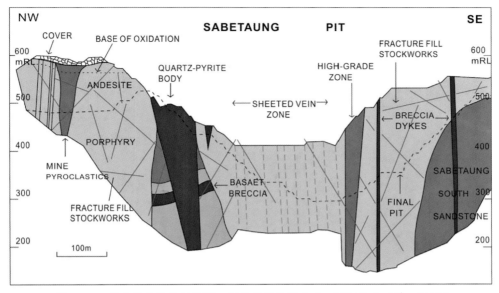

图 3-10　萨比塘采坑纵剖面图，剖面位置见图 3-9（据 Mitchell 等，2010）

　　S 矿矿体主要分布于黏土化带，主要分布于斑岩体上部，安山斑岩显示高度黏土化（泥化）蚀变特征。这一蚀变作用多半应归因于深成热液作用过程，解释为由于较低 pH 值的蒸汽及气体从古地表之下的网状断裂中通过而造成的。这一过程使得岩石中的角闪石和黑云母完全被破坏，而长石类矿物则蚀变为黏土，斑状结构基本得到了保存。在上述过程作用最为剧烈的区域，甚至黏土矿物都被完全破坏，仅残余有部分硅化石英。硅化石英随后重新结晶成为不规则的多孔物质，其中的空洞形态实际上是近似于先前全自形的长石及明矾石矿物形态的假晶形。

　　这一蚀变带分两种情况，一种是发育于含铜矿化斑岩体上部、两侧或火山岩节理面、断裂破碎带两侧的脆性岩石中，由伊利石、叶腊石、泥质物和少量高岭土组成，安山斑岩中的长石斑晶、黑母斑晶在近地表接受物理风化（氧化淋漓）作用后岩石整体褪色为灰白色-浅灰色黏土，无矿化或矿化较弱。另一种是在氧化淋漓带附近至一定范围内（古潜水面影响范围），与构造有关发生次生富集作用而形成的基质富黏土的黏土化现象，此带铜矿化富集。此类黏土化是矿区斑岩型铜矿寻找次生富集带的主要标志。

第四章
矿床地质特征

结合收集矿区及周边以往历次地质勘查和研究成果资料，本次研究工作系统总结了矿床地质及地球化学特征，研究控矿构造、含矿岩体、围岩蚀变、矿物或元素分带及次生富集等成矿规律。

4.1 矿床概述

4.1.1 矿床分布

蒙育瓦地区铜矿已发现的矿床主要有莱比塘铜矿（以下简称L矿）、七星塘铜矿（以下简称K矿）、萨比塘和萨比塘南铜矿（以下简称S&Ss矿）。K矿和S&Ss矿紧邻，局部断续连接在一起，面积约2.8km²。L矿位于其南东约6km处，面积约6km²。S&Ss矿已闭坑，目前主要生产矿山为K矿、L矿。

4.1.2 成因类型

按控矿条件、成因类型大致划分以下四种：

①含矿角砾岩型：矿体由含矿的火山角砾岩墙、火山角砾岩筒组成。角砾大小不一，磨圆度不一，常为岩屑、岩粉胶结，并有较强的硅化蚀变。黄铁矿、辉铜矿等硫化物有的呈细脉状、网脉状切割整个角砾岩，有的呈浸染状散布于角砾和基质中。S矿主矿体、Ss矿主矿体。

②含矿石英脉型：分布较稀疏零散，多充填于张性断裂构造破碎带中及其

旁侧。上部较宽，向下变窄、逐渐尖灭。延深、延长不大，一般在几十米至百米。

③蚀变斑岩型：整个安山斑岩受后期岩浆气液影响，整体发生蚀变、矿化，是比较典型的斑岩铜矿体。L矿床主矿体属此类型。

④次生富集带型：在地表风化淋滤的硅质帽之下，普遍有若断若续的一层次生富集带，含辉铜矿、蓝铜矿等铜的硫化物，矿化带厚几米至几十米，为矿床最富的矿段。次生富集带之下是由原生和次生硫化物、硅酸盐和硫酸盐矿物组成的混合带，再往下是由安山斑岩、英安斑岩组成的深成(原生)带。浅成带和混合带以及混合带和深成(原生)带之间的界线是渐变的。L矿、K矿主矿体属此类型。

原生矿体主要受构造、岩性控制。北东向和北西向断裂控制着区内火山角砾岩型陡倾斜矿体的产出，其中北西向断裂构造控制着S&Ss矿床的产出，北东向断裂控制着K矿床和L矿床的产出。铜矿化主要发生于火山角砾岩墙、火山角砾岩筒、火山碎屑岩、安山斑岩、英安斑岩中，这些火成岩控制着矿体的范围。

4.1.3　矿化特征

（1）L矿矿化特征

本区矿化主要分三种类型：

①火山热液角砾岩岩墙型矿体：这种角砾岩墙受断裂破碎带及其次级分支构造控制，形成树枝状分叉矿脉，其终端常如马尾丝状产出。

②细脉–浸染状安山斑岩（–闪长斑岩）型矿体：这类矿体属区内典型的斑岩型矿化，构成本矿床的主体部分，约占资源储量的70%，在L矿可分西北、中央与东部三大块段。

③石英–硫化物脉型矿体：主要分布于主干断裂（带）的旁侧。

（2）K矿矿化特征

①热液角砾岩矿体

这类矿体在七星塘矿体中占70%以上，主要由分枝、分叉状角砾岩墙组成。角砾岩墙中角砾大小不一，圆、棱俱有，常为岩屑、岩粉胶结，并有较强的硅化蚀变，黄铁矿、辉铜矿等硫化物呈细脉网脉切割整个角砾岩，并呈浸染状散布于角砾和基质中。在近地表处多已淋滤成无矿的硅质残留体组成的硅帽，在地下水面之下为次生富集带，一般深几十米，最深可达近百米。再下为混合带，深约百余米，最下为原生带，深约200m，再往下即尖灭消失。

②含矿剪切带矿体

分布于密集的剪切带中，由几十至几百条密集的剪切带细脉组成，围岩为强蚀变的硅化、绢云母泥化安山斑岩。

③石英硫化物脉

分布较稀疏零散，多充填于张性断裂构造破碎带中，上部较宽，向下变窄，逐渐尖灭，一般矿化深度为几十米至百余米。

④次生富集带矿体

位于无矿的淋滤硅化帽之下，矿带含辉铜矿、蓝铜矿、蓝辉铜矿，次生富集带厚几米至几十米，为矿床最富集的矿段。

（3）S&Ss矿矿化特征

矿化带总体呈北东-南西向展布，但在岩体北西部分尚未封口。北东-南西走向的矿带，由岩体西北一侧向南东一侧，呈雁列状斜列（图4-1）。本区矿化类型主要有3种：

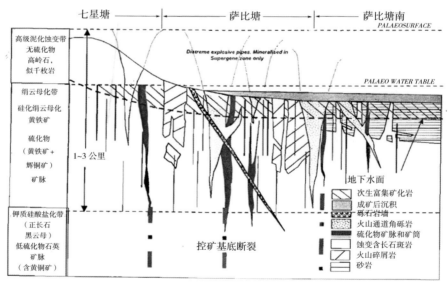

图4-1　萨比塘、萨比塘南及七星塘矿化关系剖面图

①含矿角砾岩墙

一般呈陡倾斜近直立，宽几米至几十米延长，延伸较远，可达600～800m，矿化切穿基质与角砾，主要为黄铜矿、辉铜矿。

②含矿硫化物石英脉

一般呈漏斗状或"V"字形，上宽下窄，往下延伸150~200m，即尖灭消失，比较稀疏，S&Ss矿有这类矿体。

③剪切带和破碎带

石英硫化物矿脉，普遍分布于蚀变安山斑岩中，由七星塘至萨比塘南的矿化分布如图4-1。

4.2 矿床地质特征

矿体赋存于火山碎屑岩和安山斑岩、英安斑岩侵入体内。矿区由沿北西走向分布的K矿、S&Ss矿、L矿三个铜矿床组成。K矿与S&Ss矿床相邻，局部断续连接在一起，面积约2.8km²，L矿床位于S矿床南东7km处，面积约6km²，L矿是其中最大的一个矿床。K矿和L矿床上部均有淋滤帽覆盖，S&Ss矿床上部淋滤帽已被剥蚀。

4.2.1 矿体特征

（1）L矿体特征

在L矿以Cu≥0.15%圈定的矿体称为L矿体。L矿体主要赋存于次生富集带、蚀变安山斑岩体内。平面分布在L1线～L41线，垂向分布在600～200m标高。总体上呈近乎水平的层状～似层状，在平面上比较完整，呈长椭圆状；在剖面上具有分支复合及膨大缩小、尖灭再现现象。矿体延长方向316°-136°，倾角近水平。控制矿体长2180m，控制宽1400m，最大埋深460m。矿体厚度3.96～371.73m，平均厚度126.87m，厚度变化系数58.9%。矿体品位0.19-1.11%，平均品位0.51%、品位变化系数141.3%（图4-2、图4-3）。

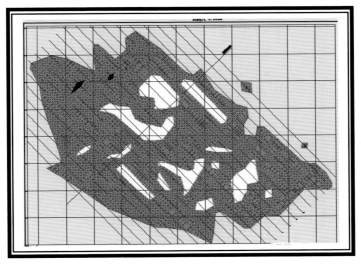

图4-2 L矿500m中段矿体水平断面图（Cu≥0.15%）

（2）K矿体特征

本次根据矿体形态、连续性等将K矿区划分为连续矿体（主矿体）及非连续矿体（零星矿体）。其中连续矿体（主矿体）厚度大、连续性好，其资源储量约占整个K矿资源量的80%，且控制程度高，是K矿的主矿体。非连续矿体（零星矿体）为较多零星矿体组成的矿体群，形态不规则、厚度小，连续性差，非连续矿体主要分布于连续矿体的上部及下部，分布于连续矿体上部的非连续矿体大多为淋滤帽中的捕虏体或独立的小矿体，分布于连续矿体下部的非连续矿体大多为连续性差的独立小矿体，或工程控制程度较低的矿体。

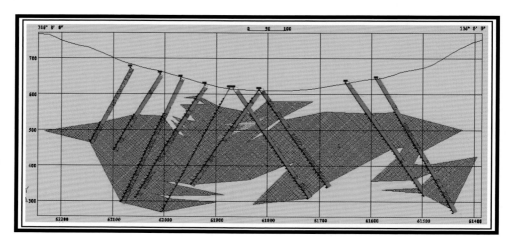

图 4-3　L矿L35线剖面图（Cu ≥ 0.15%）

连续矿体赋存于七星塘山体下部蚀变的安山斑岩、英安斑岩、火山热液角砾岩内，分布于 1 ~ 31 号勘探线之间，东侧以F1断层为界，西侧尖灭至七星塘山脚距围挡80m附近。矿体由 351 个工程控制，矿体长轴方向15° ~ 20°，控制长约 1400m，宽约 1000m，矿体规模为大型。其分布标高为 -6 ~ 694m，总体呈似层状、钟乳状，顶面近水平，呈波状起伏。顶面平均标高 565.18m，底面起伏较大，呈钟乳状，不规则状，标高 500m 以上的矿体，分布面积大、连续性较好（图4-4）。往下，矿体逐渐分支为两部分，标高 400m 以下部分的矿体已完全分成两个独立的部分，往深部延伸最大处与七星塘山体南、北山头两个主峰位置基本对应，矿体呈钟乳状；继续往深部，矿体分布面积变小，400m 标高处的矿体分布面积急剧减少至 500m 标高的三分之一（图4-5、图4-6）。断层主要分布于矿体的边部，对矿体形态整体破坏性不大。

矿体在平面上大致可分为南、北两段，即南段1 ~ 16线，北段16 ~ 30线。而两段中间矿体并无明显的断开，但多有无矿"天窗"出现。南段矿体呈不规则楔状，分布标高-6～694m，控制长约780m，宽1000m，厚度4.00～628.04m，平均厚度139.35m。南段矿体在10～15线之间往深部延伸较大，矿体连续性较好，部分剖面矿体深部延伸并未完全控制，连续矿体东侧中深部延伸方向尚有较大的找矿潜力，另一个显著特点是高品位矿体大多集中在350～550m标高，单工程平均品位0.46%～0.97%，平均品位可达0.63%。4～8号勘探线之间西侧矿体较富，呈团块状、控制最大长度170m，宽度140m，部分勘探线往西侧延伸还未封边，有11个工程控制，单工程平均品位可达0.76%～2.24%，平均品位可达1.06%，矿石品质较好，是一富矿集中区段。

北段矿体基本也呈不规则楔状，分布标高60～694m，总体规模较南段矿体稍小。控制长约720m，宽820m，厚度4.00～402.45m，平均厚度79.54m。在19～22线之间往深部延伸较大，矿体连续性较好，呈钟乳状。垂向上连续矿体大致可分为上、下两部分，上部矿体连续性较好，呈似层状、毯状，分布标高440～694m，长约1400m，宽约1000m，平均厚度89.00m，平均品位0.45%。下部矿体主要集中在东侧，呈西侧薄、东侧特别厚的钟乳状，分布标高-6～440m，长约770m，宽约720m，平均厚度111.41m，平均品位0.41%。

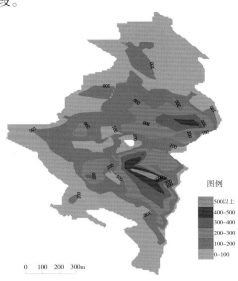

图 4-4　K矿连续矿体铅垂厚度等值线图

图例

500以上
400-500
300-400
200-300
100-200
0-100

0　100　200　300m

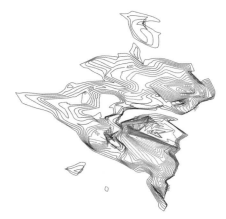

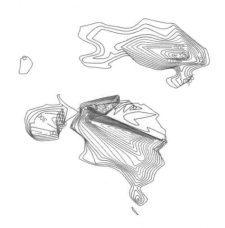

图 4-5　500m标高以下矿体DTM等值线图　　图 4-6　400m矿体以下矿体DTM等值线图

矿体内出现两处无矿"天窗"，分别位于 16 线中部和 23 线东部，16 线中部"天窗"呈不规则多边形，长 140m，宽 34m，23 线东部"天窗"呈近似菱形，长约 80m，宽约 50m。矿体内局部有黑云角闪安山斑岩侵入，黑云角闪安山斑岩体呈脉状、筒状分布，矿体内夹石以透镜状、团块状为主，最大夹石长 550m，宽 310m，夹石与矿体体积比约 0.08。

矿体厚度 4 ~ 628.04m，平均厚度 108.37m，厚度变化系数 104.0%，厚度较稳定，总体上矿体西侧厚度明显较东侧厚度薄；铜品位 0.00% ~ 21.37%，平均 0.43%，品位变化系数 150.5%，有用组分分布较均匀。厚度变化、品位变化统计见图 4-7、图 4-8。

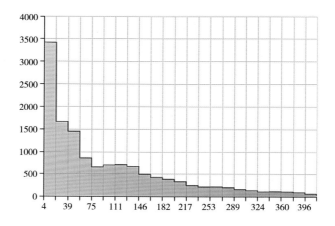

图 4-7　K 矿连续矿体厚度统计直方图

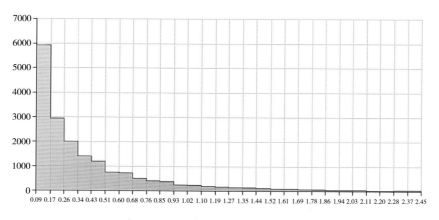

图 4-8　K 矿连续矿体品位统计直方图

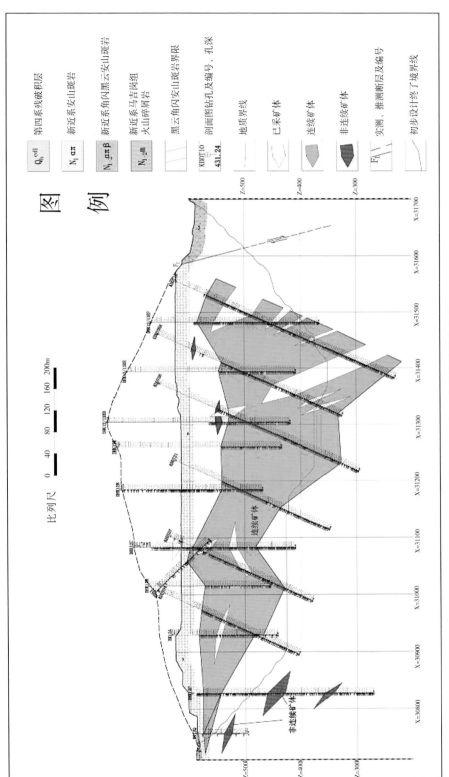

图 4-9 K 矿 22 号勘探线剖面示意

图例

Q_h^{edl}	第四系残坡积层
N_1 απ	新近系安山斑岩
N_{1-2} απβ	新近系角闪黑云安山斑岩
N_{1-2} m	新近系马昔岗岩组火山碎屑岩
	黑云角闪安山斑岩界限
KDDT10 431.24	剖面图钻孔及编号、孔深
	地质界线
	已采矿体
	连续矿体
	非连续矿体
F_1	实测、推测断层及编号
	初步设计终了境界线

比例尺

0 40 80 120 160 200m

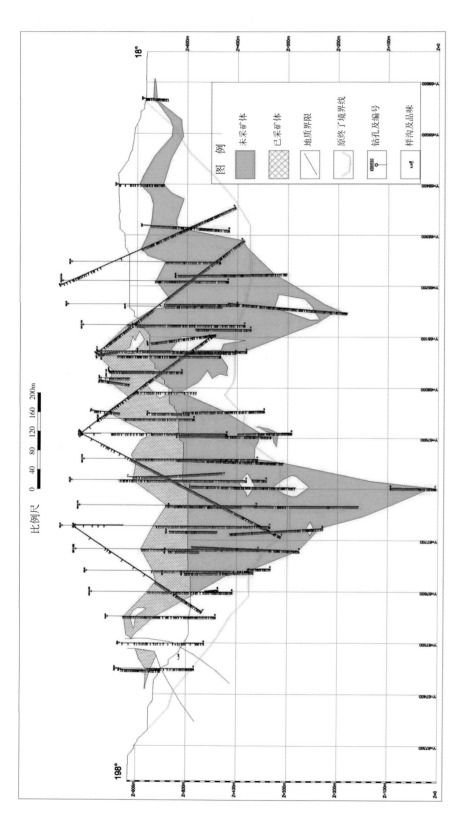

图 4-10　K 矿 B-B′线纵剖面示意图

（3）S矿体特征

S矿体主要赋存于火山角砾岩、次生富集带内。平面分布在S19线～S53线，垂向分布在240~530m标高。总体上呈近乎水平的层状-似层状、大透镜状，在平面上呈不规则椭圆状；在剖面上具有分支复合及膨大缩小、尖灭再现现象。矿体延长方向135°～315°，倾角近水平。控制矿体长940m，宽800m，最大埋深360m。矿体厚度2.43～204.07m，平均厚度37.85m，厚度变化系数112.6%。矿体品位0.12%~3.92%，平均品位0.33%、品位变化系数222.6%（图4-11、图4-12）。

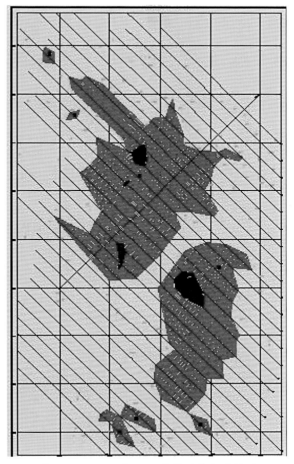

图4-11　S&Ss矿560m中段矿体水平断面

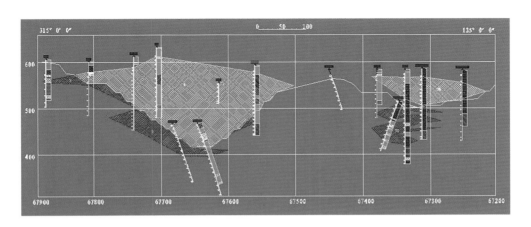

图4-12　S&Ss矿S31线剖面图

（4）Ss矿体特征

Ss矿体主要赋存于火山角砾岩、次生富集带内。平面分布在S5线～S43线，垂向分布在240~530m标高。总体上呈近乎水平的层状–似层状、透镜状，在平面上比较完整，呈长条圆状；在剖面上具有分支复合及膨大缩小、尖灭再现现象。矿体延长方向20°～200°，倾角近水平。控制矿体长940m，宽440m，最大埋深360m。矿体厚度1.75～229.66m，平均厚度62.22m，厚度变化系数92.1%。矿体品位0.12%~0.85%，平均品位0.31%、品位变化系数180.1%（图4–11、图4–12）。

4.2.2　矿床（体）品位变化性特征

在矿区以往的地质工作中，由不同的单位和技术人员、采用不同的软件和矿体边界的约束方式、用不同的赋值方法和椭球体参数对矿体进行资源量估算，分别得出不同的铜资源量和平均品位。但由于区内矿体厚大，存在多个成因及期次的成矿作用，尤其是上部存在后期风化淋滤成矿作用的叠加，对矿体进行整体赋值存在一定的缺陷，会导致部分矿石估算中被贫化或者品位被高估，以致与矿山实际采出品位有较大出入。

为避免人为因素的过多干扰，基于区内各矿床探矿工程多且样品基数大，各标高段均有相应的样品，本次对各矿体品位的研究工作以各阶段实施的钻探工程基本分析数据为基础来研究区内矿体垂向上的品位变化情况。为以后进一步研究各个矿床不同区域、不同标高的品位变化，以及需要对应采取的研究、估值方法起到一定的指示作用。

（1）L矿体品位变化特点

利用L矿以往实施的钻探工程提取Cu品位大于等于0.10%（矿区采用的边界品位）的样品点，样品点算术平均品位0.58%，再按50m的间距分标高段统计。样品点分布较集中的标高区间为–150~50m的标高区间，占样品总数的76.26%，尤其是0~50m、–50~0m两个区间样品总数占比分别为24.79%、22.14%。各区间样品平均品位0.17%~0.64%，其中平均品位最高区间为0~50m，最低区间为–350m以下。从0~50m往深部，各区间平均品位随深度下降有逐步降低的趋势（图4–13）。

因未进行圈矿、赋值、估算的过程，样品点占比不代表矿石量和铜资源量的准确占比，但能大致反映各标高段矿体的规模情况。按一般规律，矿体深部由于钻孔稀疏，相应标高段样品点代表的矿石量占比一般高于样品点数量占比。因此，本次采用相对指标研究各区间品位的变化情况，以L矿范围内样品点的算术平均值代表矿体平均品位。各区间品位按区间平均品位/矿体平均品位进行对比研究（图4-14）。L矿区间平均/矿体平均值0.29～1.10，即代表各区间平均品位间于矿床平均品位的29%～110%之间（表4-1）。平均品位大于等于矿体平均品位的有50～100m、0～50m、-50～0m三个连续区间，平均品位分别为矿床平均品位的101%、110%、100%，-50～-200m区间平均/矿体平均间于0.90～1.00之间，-200m以下区间平均/矿体平均品位小于0.90，-300～-200m区间平均/矿体平均间于0.80～0.90之间，总体来讲，从50～0m至-300～-200m区间区间平均/矿体平均品位逐步下降，从1.10降低至0.82，但降速较平稳，往深部降速增大，-350～-300m区间平均/矿体平均品位降低至0.51。如果以目前L矿主要生产的0～50m区间作为比较对象，各区间平均从0～50m往深部逐渐下降，到-350～-300m仅为0.45，即品位大概为0~50m区间平均品位的45%。但由于深部样品数量小，也存在一定偶然误差的可能性。

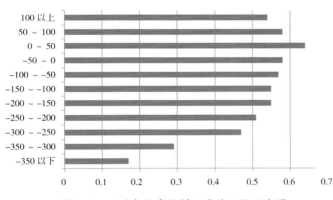

图 4-13　L矿各标高段样品平均品位示意图

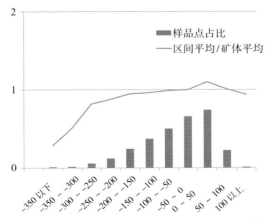

图 4-14　L矿各标高段样品平均/矿体平均品位示意图

表 4-1　L矿各标高区间样品点统计表

标高范围（m）	样品点占比（%）	区间平均Cu（%）	区间平均/矿体平均	区间平均/0~50m平均
100 以上	0.47	0.54	0.94	0.84
100 ~ 50	7.66	0.58	1.01	0.91
50 ~ 0	24.79	0.64	1.10	1.00
0 ~ -50	22.14	0.58	1.00	0.91
-100 ~ -50	16.79	0.57	0.99	0.89
-150 ~ -100	12.54	0.55	0.96	0.86
-200 ~ -150	8.32	0.55	0.95	0.86
-250 ~ -200	4.18	0.51	0.88	0.80
-300 ~ -250	2.03	0.47	0.82	0.73
-350 ~ -300	0.56	0.29	0.51	0.45
-350 以下	0.52	0.17	0.29	0.27
合计		0.58		

（2）K矿体品位变化特点

利用K矿以往实施的钻探工程对Cu品位大于等于0.10%（矿区采用的边界品位）的样品点进行提取，样品点算术平均品位0.52%。再按50m的间距分标高段统计。样品点数量最多的是500~550m，往下逐步减少。各区间样品平均品位0.26%~0.64%，其中平均品位最高区间为600~650m，最低区间为0~50m（表4-2）。50~100m区间品位出现异常升高，经查主要原因为该区间样品数量少，仅有56个样，KDDE06钻孔在该区间出现几个特高品位（KDDE06钻孔50~100m区间156号样品位7.08%，161号样品位9.99%，174号样品位4.22%，177号样品位3.85%）。因此，该区间数据本次作图未采用。从600~650m往深部，各区间平均品位随深度下降整体呈逐步降低的趋势（图4-15）。

表 4-2　K矿各标高区间样品点统计表

标高范围（m）	样品点占比 （%）	区间平均 Cu（%）	区间平均/ 矿体平均
700 以上	0.03	0.51	0.98
650 ～ 700	0.81	0.61	1.16
600 ～ 650	4.89	0.64	1.22
550 ～ 600	16.00	0.56	1.08
500 ～ 550	25.01	0.55	1.05
450 ～ 500	20.46	0.53	1.01
400 ～ 450	15.21	0.48	0.92
350 ～ 400	8.85	0.45	0.86
300 ～ 350	3.80	0.39	0.74
250 ～ 300	2.26	0.52	0.99
200 ～ 250	1.16	0.40	0.75
150 ～ 200	0.66	0.40	0.76
100 ～ 150	0.47	0.33	0.62
50 ～ 100	0.31	0.85	1.62
0 ～ 50	0.09	0.26	0.49
合计		0.52	

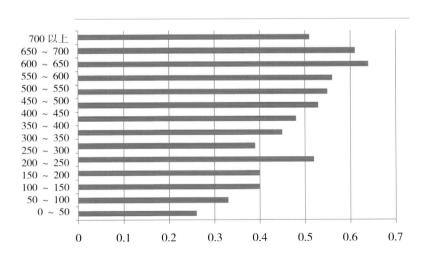

图 4-15　K矿各标高段样品平均品位示意图

K矿区间平均/矿体平均值0.49~1.22，即代表各区间平均品位间于矿床平均品位的49%~122%之间（图4-16）。平均品位大于等于矿体平均品位的为450m标高以上部分，最高的为600~650m区间，区间平均品位为矿床平均的122%。往深部逐步降低，至450~500m区间降低为平均品位的101%，至350~150m区间降至75%左右（300~250m有异常，较其他几个区间略高，至0.99，原因可能是该区间样品数量较少），继续往深部逐步降低为0.49。

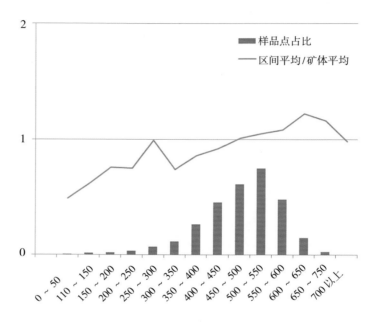

图4-16　K矿各标高段样品平均/矿体平均品位示意图

（3）S矿体品位变化特点

　　S矿矿山目前已于2008年3月停产闭坑，但其品位的变化仍对整个蒙育瓦矿区有较大的借鉴意义，尤其是其生产数据可以与本次的研究成果进行相互校验，对其他两个在产矿山有一定的指示意义。利用S矿以往实施的钻探工程对Cu品位大于等于0.10%（矿区采用的边界品位）的样品点进行提取，样品点算术平均品位0.71%。再按50m的间距分标高段统计。样品点数量最多的是500~550m，占比29.3%，600~400m的4个区间段样品点数量相对集中，单个区间占比大于10%（表4-3）。各区间样品平均品位0.31%~1.00%，其中平均品位最高区间为600~650m，最低区间为200~250m。从600~650m至200~250m各区间样品平均品位逐渐降低，如图4-17。

表4-3 S矿各标高区间样品点统计表

标高范围（m）	样品点占比（%）	样品点平均Cu（%）	区间平均/矿体平均
600～650	1.16	1.00	1.41
550～600	18.96	0.94	1.32
500～550	29.30	0.87	1.23
450～500	18.89	0.63	0.88
400～450	13.99	0.55	0.77
350～400	8.88	0.42	0.59
300～350	5.92	0.42	0.59
250～300	2.15	0.32	0.45
200～250	0.61	0.31	0.43
150～200	0.14	0.36	0.51
合计		0.71	

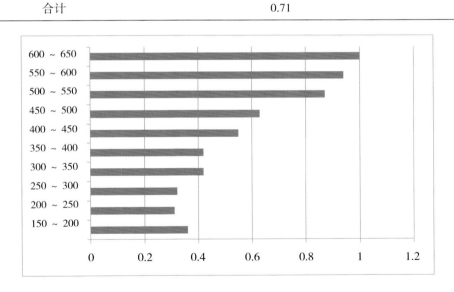

图4-17 S矿各标高段样品平均品位示意图

S矿区间平均/矿体平均值0.43~1.41，即代表各区间平均品位间于矿床平均品位的43%~141%之间，不同区间段的样品平均值变化较大。500m标高以上的三个区间平均品位大于矿体平均品位，从上到下分别为矿床平均品位的141%、132%、123%。500m以下降低至90%以下且整体呈逐步下降趋势，300m以下部分样品平均品位不足矿体平均值的50%（图4-18）。

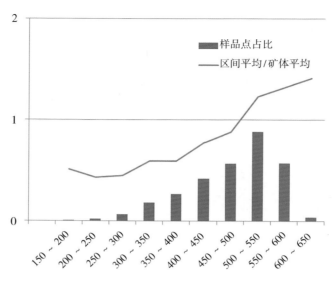

图4-18　S矿各标高段样品平均/矿体平均品位示意图

本次收集到了S&Ss矿1998—2008年十年期间产出矿石的相关数据，如表4-4及图4-19所示。

表4-4　S&Ss矿1998年3月至2008年11月露天生产采情况表

年度	露天开采产量				合计（t）
	矿石（t）	铜品位（%）	废石（t）	剥采比	
1998年	3458248	0.96	41400	0.01	3499648
1999年	4035313	0.80	394377	0.10	4429690
2000年	6380079	0.66	3582216	0.56	9962295
2001年	7139511	0.54	2518128	0.35	9657639
2002年	7989561	0.58	7645524	0.96	15635084
2003年	9301866	0.62	8866087	0.95	18167953
2004年	7312826	0.66	3322934	0.45	10635759
2005年	9235645	0.50	3990822	0.43	13226467
2006年	7005517	0.37	6479060	0.92	13484577
2007年	8470352	0.32	14918632	1.76	23388985
2008年	1778369	0.29	3287268	1.85	5065637
总计	72107287	0.56	55046447		127153734

从表 4-4 及图 4-19 可以看出，10 年期间 S&Ss 矿共采出矿石量 7210 万 t，平均铜品位 0.56%，整体呈下降趋势，从 1998 年采出品位 0.96% 下降至 2008 年的 0.29%，2008 年出矿品位不足首年度出矿品位的 1/3，且剥采比从 0.01 逐年增大至 1.85。本次收集到的生产数据含 S 矿和 Ss 矿，并非单独的 S 矿数据。而且，生产数据是按年度统计，与前文按标高统计分析的方法并不完全一致，因而无法进行具体对比。但是，在由浅入深的开采过程中，采出品位逐渐降低的趋势是显而易见的，这也与前文按照标高段统计分析得出的品位变化趋势是一致的。这值得矿山引起重视，选择更为合理的、与矿体品位变化趋势一致的分析方式对矿体模型进行重新构建，便于提前考虑由于矿石品位变化引起的生产计划、场地配置等方面的调整。

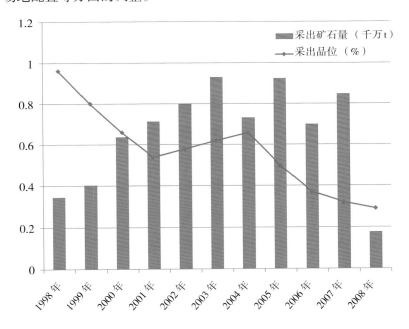

图 4-19　S 矿各年度采出矿石量和采出品位示意图

4.2.3　矿物组合及矿石成分

矿石中金属矿物主要有黄铁矿、辉铜矿、铜蓝、蓝辉铜矿、硫砷铜矿、黄铜矿、斑铜矿、磁黄铁矿、黝铜矿、褐铁矿、赤铁矿，以及少量的闪锌矿、锐钛矿。脉石矿物主要为长石、石英、绢云母、绿泥石、绿帘石、叶蜡石、明矾石、高岭土以及其他黏土矿物等。金属矿物成分可分为原生和次生的硫化矿物，黄铁矿是最主要的原生硫化矿物，平均含量约 11%，一般变化范围为 1%~60%，在部分岩脉和角砾岩中含量较高。

原生（深成）铜的硫化矿物，按照含量递减的顺序分别为：辉铜矿、铜蓝、硫砷铜矿、黄铜矿、斑铜矿。次生（浅成）铜的硫化物，按照含量递减的顺序分别为：辉铜矿、铜蓝、蓝辉铜矿。辉铜矿、铜蓝、蓝辉铜矿是最主要的铜共生矿物，充填于黄铁矿颗粒之间。

（1）金属矿物

辉铜矿：分子式为Cu_2S，理论含铜79.9%。原生、次生辉铜矿均有分布，原生辉铜矿大多呈致密块状，次生辉铜矿大多呈粒状、烟灰状，粒度一般小于0.2mm，常呈浸染状、星点状、脉状，分布于黄铁矿边缘及粒间隙，大多为交代黄铁矿形成，并与黄铜矿、斑铜矿伴生，相对含量小于5%。如表4-5，样品点5即为辉铜矿。电子探针分析显示S含量为19.153%，Cu含量为79.375%，另含有微量Fe 0.721%。照片4-1给出了打点的位置（右图点5）以及辉铜矿的显微镜下特征。

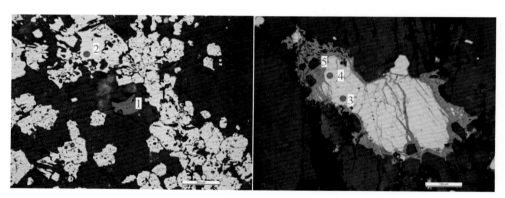

照片4-1　电子探针打点位置

黄铜矿：分子式为$CuFeS_2$，理论含铜34.6%。呈它形粒状，粒度一般小于0.2mm，大多为交代黄铁矿形成，常与斑铜矿连生，部分包裹于硫砷铜矿或黄铁矿中，相对含量微小或少见（照片4-2 F，照片4-3 B、C）。

斑铜矿：分子式为Cu_5FeS_4，理论含铜63.3%。斑铜矿为次生硫化物，在地表易风化成孔雀石和蓝铜矿，多呈它形粒状，粒度一般在0.05~0.4mm，交代黄铁矿生长或星点状分布于黄铁矿粒间隙中，常和黄铜矿、辉铜矿等共生，相对含量微小或少见。电子探针分析显示S含量为28.544%，Cu含量为63.899%，另含有微量Fe 0.353%（表4-5样品点1）。照片4-1给出了打点的位置（左图点1）以及斑铜矿的显微镜下特征。

铜蓝：分子式为CuS，理论含铜66.48%。呈它形粒状、鳞片状，粒度一般小于0.05mm，星点状分布，沿辉铜矿边缘交代产出，局部富集分布于黄铁矿粒间隙中，偶见铜蓝呈板柱状与方铅矿伴生，相对含量小于1%（照片4-2C、H）。

硫砷铜矿：分子式为Cu_3AsS_4，理论含铜48.42%，它形粒状，少数柱状，星点状分布于辉铜矿裂隙及黄铁矿粒间隙中，局部交代黄铁矿及辉铜矿，相对含量小于1%，局部富集，相对含量可达10%（照片4-2A、D、E）。

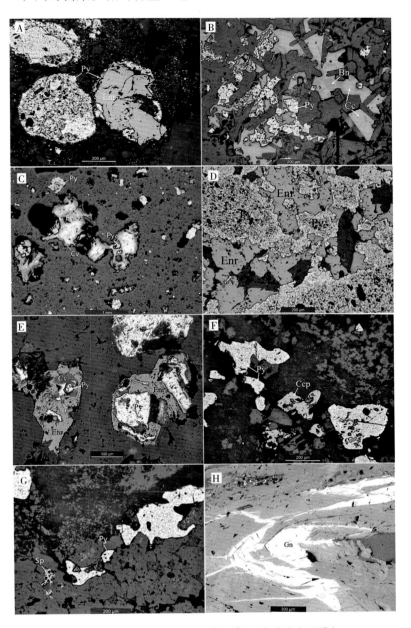

照片4-2　金属矿物显微镜下特征（说明见下图）

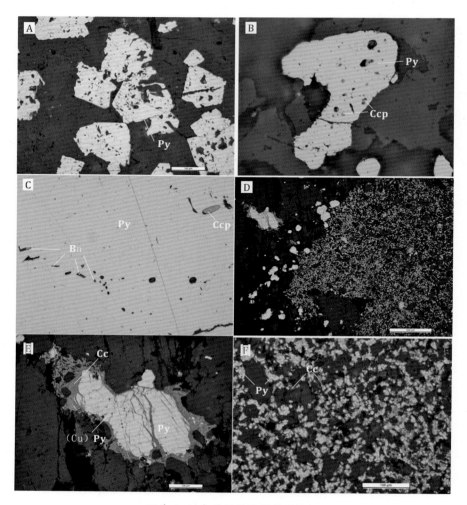

照片 4-3 金属矿物显微镜下特征

Py-黄铁矿；Enr-硫砷铜矿；Bn-斑铜矿；Cc-辉铜矿；Cv-铜蓝；Ccp-黄铜矿；Sp-闪锌矿；Gn-方铅矿

照片 4-2 说明：A.黄铁矿出现在硫砷铜矿周围；B.它形粒状辉铜矿不均匀分布于黄铁矿颗粒之间，斑铜矿在辉铜矿中呈固溶体分离；C.斑铜矿与辉铜矿伴生，铜蓝沿着边缘交代辉铜矿，黄铁矿在辉铜矿中形成残余；D.硫砷铜矿不均匀分布于黄铁矿颗粒之间；E.黄铁矿被硫砷铜矿交代；F.黄铁矿和黄铜矿；G.黄铜矿、斑铜矿、辉铜矿伴生；H.方铅矿与铜蓝伴生

照片 4-3 说明：A.自形粒状黄铁矿被溶蚀；B.黄铁矿中出溶乳滴状黄铜矿；C.黄铁矿中出溶乳滴状黄铜矿，出溶/被交代斑铜矿；D.粗粒较为自形的黄铁矿和细粒不自形黄铁矿；E.黄铁矿包裹了含Cu黄铁矿，又被辉铜矿交代；F.辉铜矿交代黄铁矿

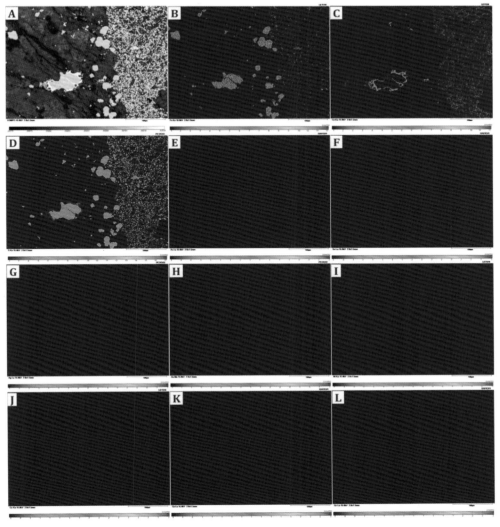

照片 4-4　电子探针元素分布图

A.所选区域的电子探针背散射图像；B.S元素分布；C.Fe元素分布；D.Cu元素分布；E.As
元素分布；F.Se元素分布；G.Ag元素分布；H.Au元素分布；I.Ni元素分布；J.Co元素分布；
K.Ge元素分布；L.Ga元素分布

　　黄铁矿：呈半自形–它形粒状星点状分布岩石或脉状分布，粒度一般小于
1.5mm，部分密集分布于裂隙边缘。部分被后生矿物所交代，残余状分布。黄铁
矿在整个K矿岩层中几乎均有分布，于含矿斑岩及火山热液角砾岩中含量较高，
相对含量3%~60%，平均含量约13%，围岩中含量稍低，3%~15%，平均含量
7%。电子探针分析显示S含量为47.269%~49.292%，Fe含量为42.038%~44.027%
（表4-5样品点2和4），照片4-1给出了打点的位置（在图点2，右图点4）。

另含有微量 As 0.152%~0.188%。部分为含铜黄铁矿，Cu 含量 4.307%（表 4-5 样品点 3），照片 4-1 给出了打点的位置（右图点 3）。

褐铁矿：主要存在于氧化淋滤带中，为褐色，是氧化矿石中主要矿物之一，多孔状，大多岩裂隙面分布，显微镜下呈网格状，具黄铁矿假象。

赤铁矿：存在于氧化淋滤带中，为赤红色，是氧化矿石中主要矿物之一。大部分与褐铁矿交代连生，部分独立产出，大多沿裂隙面分布。

锐钛矿：呈它形粒状不均匀分布于岩石中，一般分布于含铜矿化较弱的斑岩中，偶见于火山碎屑岩，含量微小。

显微镜下，主要金属矿物生成顺序及共生关系主要有以下几种：①黄铁矿→辉铜矿→铜蓝；②黄铁矿→蓝辉铜矿、黝铜矿→铜蓝；③黄铁矿→辉铜矿、硫砷铜矿；④黄铁矿→辉铜矿、斑铜矿、黄铜矿。

电子探针元素测试（表 4-5）和面扫描结果（照片 4-4）显示，黄铁矿中 As 含量极低，也无法探测出 Au、Ag 等有用元素组分。但是在面扫描结果中，Co 和 Ni 含量有一定的显示。本次测试的黄铁矿中 As 元素含量极低，这与一些矿区中 As 含量较高有所差异。

表 4-5　部分金属矿物电子探针分析结果

样品点	S	Fe	Cu	As	Ag	Au	Total
1（斑铜矿）	28.544	0.353	63.899	0	0	0	92.797
2（黄铁矿）	47.269	42.038	0.032	0.152	0	0	89.491
3（含铜黄铁矿）	50.188	40.201	4.307	0.082	0.043	0.106	94.927
4（黄铁矿）	49.292	44.027	0.55	0.188	0.059	0.045	94.161
5（辉铜矿）	19.153	0.721	79.375	0.006	0.032	0.033	99.32

注：由于电子探针属于微区主量元素分析，精确度只能达到 1%，分析结果中含量＜0.1% 的元素可视为不存在

一般而言，黄铁矿中的 As 会与 Au 含量成正比，所以这也说明本区域可能 Au 形成有生产意义矿产的可能性不大。但由于本次电子探针分析属于预研究，分析的矿物较少，在后续的系统研究中也许会出现其他的结果。而且，电子探针属于主量元素分析，对于比较微量的 Au、Ag、As、Co、Ni、Ga、Ge 等元素的测试结果并不准确，在后续研究中可以用 LA-ICPMS 等微区微量元素分析仪器进一步确认。

（2）脉石矿物

长石：是主要脉石矿物之一，以斑晶及基质两种形式存在。矿石中长石斑晶为斜长石，普遍具有不同程度的蚀变，呈自形-半自形板柱状，普遍具不同程度绢云母化、轻微碳酸盐化，杂乱不均匀分布。粒径0.5~4mm不等，含量15%~30%不等。矿化较明显的矿石长石蚀变越强，部分几乎看不到完整的斑晶。基质中长石呈显微粒状，粒径小于0.05mm，含量35%~55%，杂乱分布（照片4-5左）。

照片4-5 左：自形-半自形板柱状斜长石（Pl）、片状绿泥石（Chl）不均匀分布；右：具港湾状溶蚀的石英斑晶（Qtz）与长石蚀变后的绢云母（Ser）混杂分布

石英：是主要脉石矿物之一，在矿石中主要以砂状碎屑的形式产出，少部分为石英斑晶，石英碎屑粒度变化大，粒径一般在0.04~0.4mm，呈次棱角状-次圆状，含量15%~60%不等。石英斑晶大多呈它形粒状，粒径0.8mm，含量10%~60%不均匀分布，大部分为重结晶形成，彼此呈齿状镶嵌（照片4-5右）。

绢云母：主要由原岩石中的长石蚀变重结晶而成，呈显微鳞片状，粒径小于0.03mm，含量3%~25%不等，杂乱不均匀分布（照片4-5右）。

绿泥石：大多为黑云母、角闪石等暗色矿物蚀变而成，呈自形-半自形片柱状，含量小于10%，常和绢云母共生，大多见于黑云角闪安山斑岩中（照片4-5左）。

4.2.4 矿石结构构造

（1）矿石结构

矿石结构主要有粒状结构、交代结构、固溶体分离结构等。

粒状结构：是矿区矿石的主要结构，矿区内绝大多数辉铜矿、斑铜矿、黄

铜矿、黄铁矿、闪锌矿等呈它形粒状结构（照片4-3A），粒径0.004~1.5mm，它形粒状辉铜矿、斑铜矿、黄铜矿、黄铁矿集合体以浸染状、星点状和细脉状产出（照片4-2F、D）。

交代结构：辉铜矿沿着边部和裂隙交代早期的黄铁矿（照片4-3E、F）、硫砷铜矿交代黄铁矿（照片4-2E）。

固溶体分离结构：黄铁矿中含有黄铜矿的乳滴状的显微颗粒（照片4-3B、C）。

（2）矿石构造

构造主要有浸染状、星点状、块状、角砾状构造，细脉状、网脉状构造，斑杂状构造。

浸染状构造：矿石中的黄铁矿、辉铜矿、斑铜矿、黄铜矿、铜蓝等多以它形-半自形晶粒浸染于矿石中，部分呈稠密浸染状，局部密集成块（照片4-6B、D）。

块状构造：部分矿石中的金属矿物黄铁矿、硫砷铜矿和微量辉铜矿、斑铜矿、黄铜矿、铜蓝等呈块状产出（照片4-6E、F）。

角砾状构造：较多铜矿化火山角砾岩中可见棱角状、次棱角状、板柱状石英、石英岩角砾，角砾大小2~20mm，杂乱分布（照片4-6G、H）。

细脉状、网脉状构造：磁黄铁矿、辉铜矿、黄铜矿、黄铁矿、斑铜矿等金属矿物沿矿体或近矿围岩裂隙充填，呈脉状或网脉状产出（照片4-6A）。

4.2.5　矿石质量及伴生有益组分

蒙育瓦铜矿的S（S&Ss）、K和L三个矿床矿物成分主要是原生和次生的硫化矿物，黄铁矿是最主要的原生硫化矿物，平均含量约7%，一般变化范围为5%~10%，在部分岩脉和角砾岩中含量增高。矿石类型按矿石中黏土含量可确定为3种类型，即黏土含量＞15%时，为高黏土矿石；黏土含量在10%~15%之间时，为中黏土矿石；黏土含量为0%~10%时，为低黏土矿石。

在S、K和L 3个铜矿床中，其矿物组分基本相同，主要有用组分为辉铜矿、铜蓝和蓝辉铜矿，差别在于3个矿床中黏土含量有所不同。S矿中的高黏土类型矿石与中黏土类型矿石占该矿床矿石量的50%左右，低黏土类型矿石占该矿床矿石量的50%左右。而K矿和L矿中的高黏土类型矿石与中黏土类型矿石所占比例较小，仅为10%左右，80%~90%以上的矿石为低黏土类型矿石。可见，K矿和L矿矿石中黏土含量相对S&Ss矿来说，要低很多。这样，对选冶工艺取得好的技术经济指标是有利的。

照片 4-6 矿区发育的矿石构造

A.斑岩内的细脉、网脉状构造；B.浸染-脉状构造；C.脉状-晶洞状构造；D.浸染-脉状构造；E.块状、晶洞状构造；F.块状构造；G.角砾状构造；H.角砾状／脉状构造

本次伴生有益组分的研究采用2016年K矿生产勘探组合样品数据进行分析，共有组合样钻孔28个，采取组合样品30件，有两个钻孔采取了两件组合样。组合方式为单工程组合，组合样品平面分布较均匀，在矿体厚大部位采样孔及样品相对集中（图4-20），各标高段均有样品，取样代表性强。组合样品分析结果见表4-6，伴生有益/有害组分对照见表4-7。

通过表4-6、表4-7可见，K矿伴生Pb、Zn、Co、Mo组合样平均品位低于伴生有益组分评价指标，尤其是Pb、Zn、Co组合分析的最大值都低于伴生有益组分综合评价指标，不具备综合回收利用的价值。

Au只有1个组合样品位大于伴生有益组分评价指标（0.1g/t），达到0.2g/t，其余29件样品均低于0.1g/t，其中有22件样品品位低于0.050g/t的检出限，Au含量很低，达不到综合回收利用的价值。

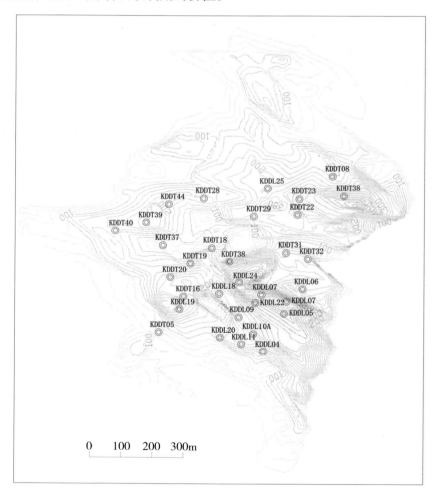

图 4-20　K矿组合分析样品位置分布图

表4-6 K矿组合分析结果表

组合样编号	取样工程	分析结果									
		Pb %	Zn %	Mo %	S %	As %	MgO %	Ga %	Co %	Au g/t	Ag g/t
KZH-01	KDDL11	0.027	0.0077	0.0002	16.65	0.0052	0.021	0.0042	0.0015	< 0.050	4.74
KZH-02	KDDL04	0.01	0.0033	0.0003	10.85	0.0021	0.036	0.00088	0.0015	< 0.050	1.35
KZH-03	KDDL20	0.0076	0.0018	0.0002	13.96	0.0019	0.015	0.00052	0.0013	< 0.050	0.55
KZH-04	KDDL19	0.021	0.0024	0.0004	9.74	0.0015	0.033	0.0019	0.0017	< 0.050	< 0.50
KZH-05	KDDL10A	0.016	0.0043	0.0002	14.73	0.0019	0.016	0.0033	0.0011	< 0.050	0.95
KZH-06	KDDT16	0.045	0.0033	0.0005	13.8	0.0033	0.012	0.0016	0.0013	< 0.050	2.31
KZH-07	KDDL09	0.015	0.002	0.0006	10.91	0.001	0.03	0.0021	0.0016	< 0.050	0.67
KZH-08	KDDL09	0.0077	0.0021	0.0002	10.93	0.0026	0.02	0.0011	0.0019	0.055	0.82
KZH-09	KDDT20	0.04	0.0037	0.0011	13.69	0.0063	0.011	0.0013	0.0011	< 0.050	1
KZH-10	KDDL08	0.0037	0.001	0.002	4.89	0.0032	0.21	0.00099	0.002	< 0.050	< 0.50
KZH-11	KDDL05	0.0053	0.0017	0.0052	8.41	0.00084	0.14	0.0017	0.0019	< 0.050	1.22
KZH-12	KDDL22	0.023	0.0033	0.0068	12.37	0.00094	0.014	0.0022	0.0018	< 0.050	5.02
KZH-13	KDDL24	0.0096	0.002	0.001	6.74	0.001	0.18	0.0021	0.0027	0.096	< 0.50
KZH-14	KDDL07	0.01	0.0014	0.001	5.07	0.00086	0.19	0.0017	0.0014	< 0.050	2.46
KZH-15	KDDL07	0.0037	0.0018	0.0006	6.47	0.001	0.22	0.0012	0.0014	0.052	0.55

续表

组合样编号	取样工程	分析结果									
		Pb %	Zn %	Mo %	S %	As %	MgO %	Ga %	Co %	Au g/t	Ag g/t
KZH-16	KDDT40	0.016	0.0019	0.0014	11.67	0.0053	0.012	0.001	0.0012	< 0.050	1.64
KZH-17	KDDT37	0.078	0.0022	0.0005	10.09	0.0043	0.021	0.0018	0.0014	0.2	53.2
KZH-18	KDDL06	0.0065	0.0024	0.0006	5.31	0.00046	0.24	0.0012	0.0014	< 0.050	< 0.50
KZH-19	KDDT18	0.027	0.0048	0.0029	13.91	0.0018	0.014	0.001	0.0019	< 0.050	15.9
KZH-20	KDDT39	0.014	0.0031	0.0062	13.69	0.0063	0.013	0.00044	0.0021	< 0.050	< 0.50
KZH-21	KDDT31	0.0055	0.002	0.0058	7.37	0.00052	0.042	0.00032	0.002	< 0.050	0.67
KZH-22	KDDT32	0.0052	0.0011	0.0009	2.66	0.00082	0.43	0.00098	0.0021	0.075	0.82
KZH-23	KDDT44	0.017	0.0018	0.013	14.62	0.0074	0.017	0.0013	0.0016	0.074	1.22
KZH-24	KDDT28	0.0091	0.0009	0.0003	6.75	0.00056	0.12	0.00052	0.0018	< 0.050	0.82
KZH-25	KDDT29	0.019	0.0023	0.0004	11.64	0.0018	0.012	0.00084	0.0015	< 0.050	0.99
KZH-26	KDDT23	0.014	0.0021	0.0004	4.43	0.00072	0.38	0.00092	0.0009	0.066	1.21
KZH-27	KDDT22	0.0067	0.0035	0.0009	1.2	0.00015	0.3	0.001	0.0017	0.086	0.82
KZH-28	KDDL25	0.019	0.0025	0.0003	13.49	0.0016	0.012	0.001	0.0011	< 0.050	2.3
KZH-29	KDDT38	0.012	0.0043	0.0003	12.46	0.003	0.042	0.001	0.0026	< 0.050	0.82
KZH-30	KDDT08	0.01	0.0031	0.0002	14.24	0.0018	0.022	0.00088	0.002	< 0.050	0.82

表 4–7 主要伴生有益/有害组分对照表

项目	Pb %	Zn %	Mo %	S %	Ga %	Co %	Au g/t	Ag g/t
最大值	0.0780	0.0077	0.0130	16.65	0.00420	0.0027	0.200	53.200
最小值	0.0037	0.0009	0.0002	1.20	0.00032	0.0009		
平均值	0.0168	0.0027	0.0018	10.09	0.00137	0.0017		
伴生有益指标	0.2	0.4	0.01	1	> 0.001	0.01	0.1	1

组合分析样中 Ag 最大值 53.2g/t，最小值低于 0.50g/t（检出限），大于 1g/t 的样品有 12 件，低于检出限的有 5 件。考虑偶然误差，剔除最大值 53.2g/t 及低于样品检出限的 5 件样品后，平均品位 2.07g/t，剔除最大值 53.2g/t，将低于检出限的样品品位按 0 计后，平均品位 1.71g/t，达到伴生有益组分综合评价指标。如按 K 矿保有矿石量 51205.74 万 t，伴生 Ag 品位按 1.71g/t 计，保有伴生 Ag 金属量可达 875t，达到中型银矿规模（200~1000t），如该部分伴生资源能进行综合回收利用，将对矿山产生较好的经济效益。

其他伴生组分达到综合利用评价指标的还有 Ga。

4.2.6 围岩及夹石特征

（1）围岩特征

矿体围岩主要有斑状黑云母安山斑岩、石英安山斑岩及少量的英安岩的岩墙和岩床，其次为少量流纹岩岩墙，还有被火山岩切穿并已经褶皱的达马帕拉组蚀变砂岩。围岩平均铜品位为 0.05% 左右。

矿体围岩主要为安山斑岩、长石石英砂岩、少量英安斑岩，主要金属矿物有黄铁矿、褐铁矿、赤铁矿、少量锐钛矿、辉铜矿、铜蓝等，脉石矿物主要为长石、石英、绢云母、黏土矿物等。这些矿体围岩发生了不同程度的蚀变，主要有绢云母化、硅化、泥化、明矾石化等，总的来讲，蚀变强度与矿化强度成正比关系，矿体围岩为蚀变稍弱、硫化物脉体相对较少的斑岩体，由于矿化不均匀，矿体围岩与矿体的界线不清晰。

矿石的围岩，顶部为淋滤帽，金属矿物主要为褐铁矿、赤铁矿、黄铁矿等，脉石矿物主要为石英、长石为主。东西两侧为火山碎屑岩，金属矿物主要为黄铁矿、锐钛矿、少量磁铁矿及辉铜矿，脉石矿物为长石、石英、岩屑等。矿石围岩边界相对清晰，与含矿岩体岩性差异较大。

（2）夹石特征

矿体夹石以安山斑岩、英安斑岩为主，岩石较完整，蚀变较矿体弱。L矿床夹石较多，最大夹石长 840m，宽 447m，夹石岩性为安山斑岩。K矿床矿体分布零散，夹石岩性为安山斑岩，夹石较少，最大夹石长 58m，宽 49m。K矿10 ~ 21 号线间的夹石连续性最好，呈不规则条带状，最大夹石长 550m，宽 310m，其余夹石连续性较差，大多呈包裹体状分布，规模不大，夹石岩性为安山斑岩。夹石平均铜品位为 0.04%。

总体上看，夹石对连续矿体的完整性有一定影响，大块夹石在采矿过程中可以剔除。

第五章

岩石地球化学和
成矿流体特征

本次地球化学特征的分析研究工作从主、微量元素，S、Pb同位素和流体包裹体等方面进行研究。其中主量元素、贵金属元素除蒙育瓦矿区K矿外，还对比了周边的卢世山、缅因克、心形山等地区（图5-1）。其他研究项目受样品采集的影响主要是对K矿进行。

本次主量元素（岩石化学全分析）分析共29件，Au、Ag样品基本分析成果40件，微量和稀土元素分析5件，铅、硫同位素分析各3件，流体包裹体分析5件，见表5-1。

图5-1 对比研究区域位置图

表 5–1　本次研究样品种类及分布表

成果类型	样品数量（件）				
	K 矿	卢世山	缅因克	心形山	合计
岩石化学全分析	22	4	3		29
Au、Ag 分析	30	4	4	2	40
微量和稀土元素	5				5
Pb 同位素	3				3
S 同位素	3				3
流体包裹体岩相学观察	17				17
流体包裹体显微测温	5				5

5.1　岩石地球化学分析

5.1.1　主量元素地球化学特征

（1）K 矿主量元素地球化学特征

主量元素是岩石的主要化学成分，对主量元素的分析测试是我们地质工作的常用手段，具有数据来源广、分析测试成本低、效率高等特点，对主量元素的规律研究意义大。

本次对主量元素研究以近年勘查工作程度较高的 K 矿为主，对矿床地球化学特征进行了重点分析研究。并与周边卢世山、缅因克区块出露的火山岩进行了对比。数据来源为 K 矿生产勘探及蒙育瓦周边地区调查，采用岩石全分析数据共 29 件，其中 K 矿 22 件，卢世山 4 件，缅因克 3 件。

K 矿采用的 22 件岩石全分析数据来源于 2016 年 K 矿生产勘探项目，其中安山斑岩样品 11 件，火山热液角砾岩 5 件，黑云角闪安山斑岩（晚期斑岩）1 件，火山碎屑岩 2 件，砂岩 3 件。样品以与成矿相关的安山斑岩/闪长岩及火山热液角砾岩为主，并兼顾了矿区其他岩石种类。分析测试结果见表 5–2。

由测试结果可以看出，岩石的烧失量（Loss）普遍较高，最低 5.5%，最高可达 27%，且大部分样品都在 10%~20%，这与较为新鲜岩石样品的烧失量（一般 ＜3%）差异较大。应该是由于所取样品大部分蚀变和风化程度较高。这样的数据，对于岩石化学分类及其他图解会导致一定的偏差。但在现有条件下，只能用现有数据作为参考。

　　剔除蚀变强度较强的样品数据，可以看出蚀变和矿化程度较弱的斑岩，其 SiO_2 含量应在 60%~66%，Al_2O_3 含量 18%~22%，K_2O+Na_2O 含量 1.25%~3.34%。但由这些数据中较高的 FeO（11%）含量可以看出，所选样品存在黄铁矿化。结合样品采集的钻孔和深度，各岩石种类的主元素含量与赋存深度并无明显关联性。造成主元素含量差异的原因主要是岩石的蚀变类型及程度不同。可见区内的蚀变受构造等影响较大，分带不明显，不同区域、标高蚀变类型及蚀变程度不均匀。

　　将 TFe_2O_3 大于 20% 的两件样品剔除，其余 10 件安山斑岩样品的质量分数作为基础数据（表 5-3），根据国际地科联火成岩分类方法制作 TAS 图解，通过全碱和 SiO_2 的比值进行岩石类型的大致判断（图 5-2）。从图可见，全部样品点均位于 Irvine 分界线下方，为亚碱性系列。所取 10 件样品有 5 件在安山斑岩范围内，与岩相学观察结果一致。其余 5 件样品落入了玄武安山斑岩和英安岩中，但这应该是由于样品蚀变过程导致的 SiO_2 等主要元素的带入带出导致的假象，结合岩石手标本和显微镜观察，这些样品都具有安山斑岩的结构构造和矿物组成特点。来自于成矿期后野外岩性定为黑云角闪安山斑岩（样品号 KDDT47-HQ1），也落入了安山斑岩区域，与成矿期安山斑岩基本一致，但矿物组成上有差异。根据岩石 K_2O-Na_2O 关系判断，区内安山斑岩以高钾低钠为特征（图 5-3），这与造山带岩浆岩的特征一致。根据中基性火山岩成分的 ATK 图解（图 5-4），区内安山斑岩类主元素特征与岛弧、造山带安山斑岩特征基本吻合，具体的物质来源分析见同位素章节。

表 5-2 K矿岩石主量元素分析结果表

野外定名	取样深度（m）	样品编号	岩石主要成分（%）												
			SiO₂	Al₂O₃	TFe₂O₃	FeO	TiO₂	MnO	MgO	CaO	Na₂O	K₂O	H₂O+	P₂O₅	Loss
硅化含铜安山斑岩	36.64 / 36.74	KDDT05-HQ1	33.94	12.10	23.70	0.46	0.23	0.011	0.080	0.10	0.14	3.05	4.31	0.14	27.22
安山斑岩	59.08 / 59.17	KDDT42-HQ2	60.37	18.99	6.60	0.10	0.56	0.0080	0.13	0.18	0.12	0.72	5.05	0.21	11.23
泥化安山斑岩	66.03 / 66.14	KDDT39-HQ1	66.85	18.14	2.39	0.15	0.59	0.0060	0.25	0.17	0.51	2.84	4.43	0.16	7.09
铜矿化安山斑岩	174.24 / 174.34	KDDT40-HQ1	73.41	7.84	2.63	0.38	0.71	0.010	0.11	0.29	0.31	1.74	4.31	0.21	11.52
含黄铁矿安山斑岩	192.84 / 192.95	KDDT38-HQ2	41.34	10.49	25.36	0.30	0.34	0.014	0.088	0.10	0.53	0.91	3.93	0.094	19.63
铜矿化安山斑岩	223.14 / 223.27	KDDT40-HQ2	60.08	11.98	4.79	0.23	0.69	0.010	0.11	0.20	0.32	2.93	4.83	0.17	17.15
含铜安山斑岩	250.25 / 250.35	KDDT38-HQ3	66.70	3.43	12.72	0.53	0.39	0.013	0.12	0.077	0.10	0.72	2.13	0.13	10.29
安山斑岩	355.34 / 355.42	KDDE05-HQ2	61.99	22.10	2.38	0.23	0.50	0.0060	0.26	0.10	0.13	1.30	6.82	0.087	9.98
泥化含铜安山斑岩	421.22 / 421.34	KDDE06-HQ1	63.17	18.74	11.04	0.080	0.50	0.0070	0.084	0.16	0.24	1.01	4.16	0.14	5.59
硅化含铜安山斑岩	488.77 / 488.89	KDDE06-HQ2	53.76	16.08	4.47	1.94	0.45	0.062	0.16	0.60	0.25	3.60	4.95	0.25	18.99
硅化安山斑岩	553.57 / 553.64	KDDE05-HQ3	54.98	18.72	5.67	0.10	0.70	0.0070	0.083	0.30	0.32	2.07	2.61	0.15	16.12
火山热液角砾岩	126.83 / 126.95	KDDT38-HQ1	63.28	13.42	5.84	0.10	0.53	0.0080	0.11	0.14	0.43	1.87	3.97	0.14	14.39
火山热液角砾岩	220.54 / 220.70	KDDL22-HQ1	42.32	17.39	8.40	0.18	0.44	0.010	0.074	0.15	1.59	3.12	6.23	0.20	25.52

续表

野外定名	取样深度（m）		样品编号	岩石主要成分（%）												
				Al_2O_3	SiO_2	TFe_2O_3	FeO	TiO_2	MnO	MgO	CaO	Na_2O	K_2O	H_2O+	P_2O_5	Loss
火山热液角砾岩	226.70	226.85	KDDN07-HQ1	11.57	25.58	33.61	0.97	0.35	0.0090	0.27	0.20	0.21	2.79	3.35	0.12	24.02
火山热液角砾岩	316.12	316.24	KDDE05-HQ1	15.90	58.11	2.50	0.20	0.51	0.019	0.089	0.087	0.29	3.26	5.44	0.10	18.18
火山热液角砾岩	629.20	629.33	KDDE06-HQ3	14.23	55.66	12.44	0.41	0.45	0.0070	0.11	0.15	0.37	1.44	5.00	0.15	14.45
黑云角闪安山蚀岩	114.67	114.80	KDDT47-HQ1	16.77	60.65	8.53	6.23	0.45	0.69	0.88	0.44	0.48	2.88	3.96	0.21	8.32
火山碎屑岩	44.14	44.24	KDDW01-HQ1	15.38	59.31	7.70	1.81	0.44	0.18	1.37	2.55	1.83	2.39	4.14	0.17	8.18
火山碎屑岩	59.42	59.53	KDDT48-HQ1	15.83	56.32	6.38	3.82	0.46	0.26	2.22	4.33	0.18	3.52	3.25	0.15	8.61
石英砂岩	17.16	17.24	KDDT42-HQ1	9.43	79.94	1.63	0.20	0.45	0.015	0.10	0.12	0.29	0.91	2.46	0.09	6.62
砂岩	168.17	168.24	KDDL20-HQ1	10.07	78.72	4.28	0.43	0.37	0.012	0.10	0.081	0.13	0.53	2.40	0.04	5.56
长石石英粉砂岩	246.27	246.37	KDDT25-HQ1	17.05	65.53	5.18	0.23	0.53	0.011	0.10	0.090	0.25	0.93	3.01	0.11	10.16

表5-3 K矿岩浆岩主量元素分析结果统计

野外定名	样品编号	岩石主要成分（%）										
		Al$_2$O$_3$	SiO$_2$	TFe$_2$O$_3$	FeO	TiO$_2$	MnO	MgO	CaO	P$_2$O$_5$	Na$_2$O+K$_2$O
安山斑岩	KDDT42-HQ2	18.99	60.37	6.60	0.10	0.56	0.0080	0.13	0.18	0.21	0.84
泥化安山斑岩	KDDT39-HQ1	18.14	66.85	2.39	0.15	0.59	0.0060	0.25	0.17	0.16	3.34
含铜安山斑岩	KDDT40-HQ1	7.84	73.41	2.63	0.38	0.71	0.010	0.11	0.29	0.21	2.04
铜矿化安山斑岩	KDDT40-HQ2	11.98	60.08	4.79	0.23	0.69	0.010	0.11	0.20	0.17	3.24
含铜安山斑岩	KDDT38-HQ3	3.43	66.70	12.72	0.53	0.39	0.013	0.12	0.077	0.13	0.82
安山斑岩	KDDE05-HQ2	22.10	61.99	2.38	0.23	0.50	0.0060	0.26	0.10	0.087	1.42
泥化含铜安山斑岩	KDDE06-HQ1	18.74	63.17	11.04	0.080	0.50	0.0070	0.084	0.16	0.14	1.25
硅化含铜安山斑岩	KDDE06-HQ2	16.08	53.76	4.47	1.94	0.45	0.062	0.16	0.60	0.25	3.86
硅化安山斑岩	KDDE05-HQ3	18.72	54.98	5.67	0.10	0.70	0.0070	0.083	0.30	0.15	2.39
黑云角闪安山斑岩	KDDT47-HQ1	16.77	60.65	8.53	6.23	0.45	0.69	0.88	0.44	0.21	3.36

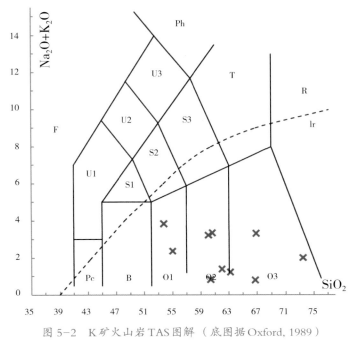

图 5-2　K 矿火山岩 TAS 图解（底图据 Oxford, 1989）

Pc—苦橄玄武岩；B—玄武岩；O1—玄武安山斑岩；O2—安山斑岩；O3—英安岩；R—
流纹岩；S1—粗面玄武岩；S2—玄武质粗面安山斑岩；S3—粗面安山斑岩；T—粗面岩、粗
面英安岩；F—副长石岩；U1—碱玄岩、碧玄岩；U2—响岩质碱玄岩；U3—碱玄质响岩；
Ph—响岩；Ir—Irvine 分界线，上方为碱性，下方为亚碱性

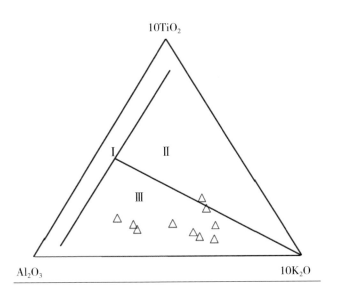

图 5-3　K 矿火山岩 K₂O-Na₂O 关系图（底图据 E A K Middlemost，1972）

Ⅰ—大洋玄武岩；　Ⅱ—大陆玄武岩、安山斑岩；　Ⅲ—岛弧、造山带玄武岩、安山斑岩

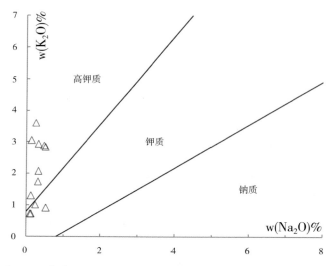

图 5-4　中基性火山岩成分的 ATK 图解（底图据赵崇贺，1989）

（2）矿区周边岩石主量元素地球化学特征

蒙育瓦周边的数据来源于 2016 年万宝矿产与西勘院联合对蒙育瓦周边联合踏勘取得的岩石化学全分析数据，共 17 件样品，其中蒙育瓦周边岩浆岩 7 件，分别采至卢世山和缅因克。由于该次样品分析未对 H_2O+ 含量分析结果进行修正，本次 SiO_2 品位在原分析品位的基础上按照 α（SiO_2）=[1+α（H_2O+）]/100 进行简单修正，修正后的数据如表 5-4 所示，TAS 图解如图 5-5。

表 5-4　蒙育瓦周边岩浆岩主量元素分析结果统计

采样位置	野外定名	样品编号	分析结果（%）									
			Al_2O_3	SiO_2	TFe_2O_3	FeO	TiO_2	MnO	CaO	MgO	P_2O_5	Na_2O+K_2O
卢世山	蚀变安山斑岩	D52-H1	14.22	60.19	13.47	<0.10	0.39	2.69	2.56	0.31	0.11	0.26
	蚀变安山斑岩	D53-H1	13.79	55.45	20.82	<0.10	0.41	2.22	1.52	0.24	0.15	0.19
	蚀变安山斑岩	D54-H1	14.14	67.78	11.9	<0.10	0.38	1.19	0.37	0.12	0.21	0.2
	蚀变安山斑岩	D55-H1	14.79	57.47	19.98	<0.10	0.46	2.09	0.3	0.12	0.24	0.19
缅因克	英安岩	D42-H1	11.76	78.98	5.93	<0.10	0.21	0.57	0.13	0.12	0.05	0.31
	流纹岩	D43-H1	10.68	85.93	0.95	<0.10	0.09	0.02	0.32	0.13	0.21	0.11
	安山斑岩	D46-H1	11.63	86.38	0.82	<0.10	0.11	0.02	0.11	0.05	0.1	0.06

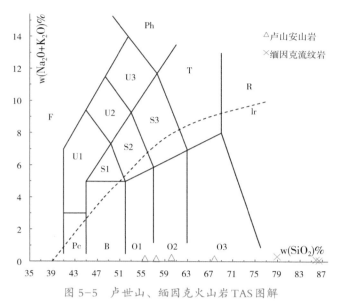

图 5-5　卢世山、缅因克火山岩 TAS 图解

Pc —苦橄玄武岩；B —玄武岩；O1 —玄武安山斑岩；O2 —安山斑岩；O3 —英安岩；R —
流纹岩；S1 —粗面玄武岩；S2 —玄武质粗面安山斑岩；S3 —粗面安山斑岩；T —粗面岩、粗
面英安岩；F —副长石岩；U1 —碱玄岩、碧玄岩；U2 —响岩质碱玄岩；U3 —碱玄质响岩；
Ph —响岩；Ir —Irvine 分界线，上方为碱性，下方为亚碱性

结合表 5-4 及图 5-5 可见：

①野外对岩石的认识、判断基本正确，卢世山主要分布的是中性的安山斑岩类，缅因克主要分布流纹岩。

②卢世山安山斑岩 Al_2O_3 含量 13.79%~14.79%，全碱含量低，Na_2O+K_2O 含量与 K 矿存在数量级的差异。

蒙育瓦铜矿区主要含铝矿物有长石（$KAlSi_3O_8$、$NaAlSi_3O_8$ 和 $CaAl_2Si_2O_8$）、高岭石【$Al_4[Si_4O_{10}](OH)_8$】、明矾石【$KAl_3[SO_4]_2(OH)_2$】等，理论 Al_2O_3 含量分别为 18.40%~36.70%、20.91%、36.92%。区内与矿化相关的主要蚀变为硅化及泥化，硅化高的矿石，SiO_2 含量高，含铝矿物量占比随之降低，泥化高的矿石，含铝矿物量高，SiO_2 含量降低。上述两种蚀变的分布不均匀造成 K 矿岩石样品中 Al_2O_3 含量分布的域值较宽。而卢世山虽紧邻 K 矿，但其 Al_2O_3 含量情况恰与 K 矿情况相反，分布域值范围小，说明蚀变种类单一，蚀变程度较均匀。

与矿化密切相关的蚀变为明矾石化，明矾石理论全碱含量约 11.37%，明矾石化的增强能使岩石全碱含量增高。卢世山全碱含量很低，最高不超过 0.3%，远远低于 K 矿矿石平均全碱含量，证明其明矾石化程度低。

卢世山安山斑岩岩体与 K 矿相比 Al_2O_3 比较接近但全碱含量远远小于 K 矿，与

卢世山的岩矿鉴定报告中"蚀变长石已完全高岭石化"相吻合，因高岭石不含K、Na，高岭石化后Al_2O_3变化不大但K、Na含量大幅降低。

通过对卢世山、缅因克样品的Al_2O_3含量特征、全碱含量特征及岩矿鉴定成果的分析研究可见，卢世山岩石化学成分较均一，整体蚀变以高岭石化为主，蚀变较均匀，无明显的明矾石化。缅因克以流纹岩为主，全碱含量不高，与矿化相关的明矾石化偏低。

本次进行了K矿主要含矿岩石（安山斑岩、火山热液角砾岩）主量元素的相关性研究，因相关岩石全分析样品均做了基本分析，也将基本分析结果与岩石主要化学成分进行了相关性研究（图5-6）。通过本次研究工作发现，主量元素中Al_2O_3、全碱与SiO_2无明显关系，TFe_2O_3与SiO_2有一定关联性但不明显。$Al_2O_3+TFe_2O_3$与SiO_2呈明显的负相关，TiO_2与SiO_2呈正相关，铜矿化安山斑岩A/S在0.1~0.45之间，分布域值较宽，不含矿的岩体A/S在0.25~0.40之间，较含矿岩体A/S分布域值较窄。

$Al_2O_3+TFe_2O_3$与SiO_2的相关性主要是因是作为矿区安山斑岩造岩矿物的主要成分，其三者之和约80%，证明区内斑岩主要化学成分总量比较稳定，互相呈此消彼长的关系。TiO_2与SiO_2呈正相关，推测矿区内安山斑岩中主要含钛矿物，锐钛矿主要是呈星点状分布于石英间隙或表面，含量与石英含量成正比。铜矿化岩体A/S分布域值较宽，与含矿岩体Al_2O_3分布域值宽较类似，推测是因为矿体泥化、硅化较强且蚀变不均匀造成的。

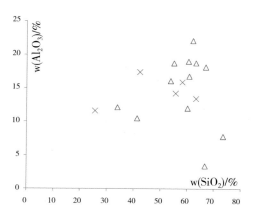

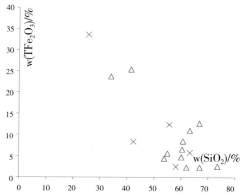

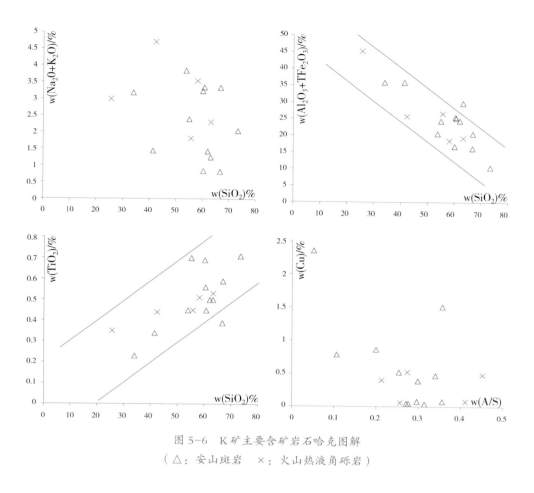

图 5-6　K 矿主要含矿岩石哈克图解

（△：安山斑岩　×：火山热液角砾岩）

5.1.2　微量元素地球化学特征

（1）贵金属元素

根据本文 4.2.5 伴生有益组分章节，矿区 Au、Pb、Zn、Co、Mo 等伴生有益组分含量低（以 K 矿为例），不具备综合回收利用的价值，但伴生 Ag 品位可达 1.71g/t，达到伴生有益组分综合评价指标。因银一般产于中低温热液成因的矿床中，区内及周边的银异常既可能代表同期岩浆的背景值，也可能是斑岩型矿床气液活动的产物，对周边区域寻找同源或者同类型矿床具有一定的参考价值。鉴于上述原因，本次对周边地区具有 Ag 异常的区域进行了梳理，在矿区周边共有三处存在银异常，分别为缅因克、心形山、雅玛河口。我院于 2016 年进行了调查取样，样品分析结果如表 5-5。雅玛河口因社区问题，未能进行实地调查。

缅因克、心形山所取火山岩样品最高 Ag 品位 2.70g/t，将其中两件 Ag 品位 < 0.50 的品位按 0 计，6 件样品平均 Ag 品位 1.12g/t，与 K 矿 Ag 平均品位相当。而紧邻 K 矿的卢世山所采取的 4 件火山岩样品 Ag 品位均 < 0.50，推测其岩

浆与蒙育瓦含矿岩浆不同源或者气液活动较弱。

（2）其他微量元素

本次研究工作采取K矿5件样品做微量元素分析，其中安山斑岩2件，火山热液角砾岩2件，黑云角闪安山斑岩1件，分析结果如表5-6所示，微量元素/原始地幔标准化蛛网图如图5-7所示。由图可见，区内主要岩石种类微量元素含量普遍较高，与原始地幔相比较多数元素富集。分配曲线一致性较强，呈显著的锯齿状，反映微量元素分馏程度较高。Pb、W、Sb富集程度明显较高，Ti、Li相对原始地幔亏损。

表5-5 缅因克、心形山化学分析结果统计

取样位置	样品编号	样品状态	分析结果	
			Au g/t	Ag g/t
缅因克	D40-H1	固体	< 0.050	0.85
	D42-H1	固体	< 0.050	< 0.50
	D43-H1	固体	< 0.050	2.70
	D46-H1	固体	< 0.050	< 0.50
心形山	D6-H1	固体	< 0.050	1.27
	D6-H2	固体	< 0.050	1.88
卢世山	D52-H1	固体	< 0.050	< 0.50
	D53-H1	固体	< 0.050	< 0.50
	D54-H1	固体	< 0.050	< 0.50
	D55-H1	固体	< 0.050	< 0.50

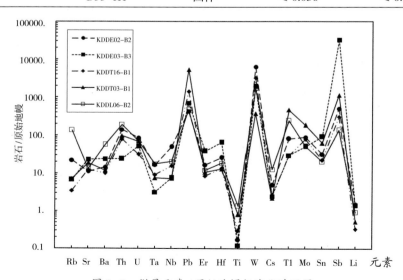

图5-7 微量元素/原始地幔标准化蛛网图

（据Pearce J A, Harris N B W, Tindle A G，1984）

表 5-6　微量元素分析结果表

分析编号	样品编号	砷（As）	钡（Ba）	铍（Be）	铋（Bi）	镉（Cd）	钴（Co）	铬（Cr）	铯（Cs）	铜（Cu）
20J00690001	KDDE02-B2	42.9	101	0.237	11.7	0.44	5.95	28.7	0.345	73110
20J00690002	KDDE03-B3	1674	165	0.148	40.3	0.39	9.26	11.6	0.174	85759
20J00690003	KDDT16-B1	13.5	70.3	0.076	1.37	1.18	25.1	35.5	0.190	4312
20J00690005	KDDL06-B2	7.44	390	0.510	0.88	0.16	19.2	44.6	0.898	636
20J00690006	KDDT03-B1	91.5	83.9	0.105	11.0	1.00	30.0	24.4	0.157	3118

分析编号	样品编号	镓（Ga）	铪（Hf）	汞（Hg）	锂（Li）	锰（Mn）	钼（Mo）	铌（Nb）	镍（Ni）	铅（Pb）
20J00690001	KDDE02-B2	21.1	7.99	0.229	2.34	171	5.61	35.2	11.1	30.5
20J00690002	KDDE03-B3	14.1	20.1	1.06	2.24	110	3.19	5.44	12.7	50.0
20J00690003	KDDT16-B1	2.25	4.20	0.020	0.529	302	5.03	11.2	21.9	101
20J00690005	KDDL06-B2	19.6	5.68	0.016	1.46	127	3.29	14.6	28.3	34.1
20J00690006	KDDT03-B1	30.1	4.05	0.175	0.837	171	11.7	5.19	24.3	380

分析编号	样品编号	铷（Rb）	铼（Re）	锑（Sb）	钪（Sc）	硒（Se）	锡（Sn）	锶（Sr）	钽（Ta）	钍（Th）
20J00690001	KDDE02-B2	13.9	0.000	2.55	6.27	0.005	5.43	233	0.677	11.9
20J00690002	KDDE03-B3	4.26	0.002	164	2.54	0.005	15.7	487	0.128	2.05

续表

分析编号	样品编号	铷(Rb)	铼(Re)	锑(Sb)	钪(Sc)	硒(Se)	锡(Sn)	锶(Sr)	钽(Ta)	钍(Th)
20J00690003	KDDT16-B1	2.21	0.001	1.54	1.44	0.346	3.84	262	0.378	6.68
20J00690005	KDDL06-B2	85.6	0.001	0.69	16.6	0.626	3.48	277	0.722	16.3
20J00690006	KDDT03-B1	4.55	0.001	5.86	6.76	1.02	10.7	393	0.307	8.19

分析编号	样品编号	钛(Ti)	铊(Tl)	铀(U)	钒(V)	钨(W)	锌(Zn)	锆(Zr)	铂(Pt)
20J00690001	KDDE02-B2	226	0.409	1.79	36.4	127	155	187	3.16
20J00690002	KDDE03-B3	159	0.149	1.07	27.1	39.0	150	432	1.43
20J00690003	KDDT16-B1	388	0.144	0.661	26.9	64.6	360	95.4	0.90
20J00690005	KDDL06-B2	1760	1.22	1.47	114	35.2	65.6	135	0.78
20J00690006	KDDT03-B1	1049	2.36	1.44	87.0	7.57	310	120	2.15

根据以往研究资料，在岩浆分异过程中，Ni比Co能更快地从岩浆中析出，进入固相，Co则相对富集于残余相中，因此，岩浆分异程度越高，Ni/Co比值往往越低。Rb主要在岩浆晚期阶段富集，而Sr恰恰相反，火成岩中Rb/Sr比值随岩浆分异程度增加而变大。结合本次微量元素分析结果，安山斑岩、黑云角闪安山斑岩Ni/Co比值0.81~1.87，不同岩性比值变化不明显。Rb/Sr比值0.01~0.31，黑云角闪安山斑岩最高，其余样品均小于等于0.06。黑云角闪安山斑岩为成矿期后侵入于成矿安山斑岩内，分异程度更高，导致Rb/Sr比值高于其余样品。

表5-7　Ni/Co、Rb/Sr、Ba/Sr比值统计表

分析编号	样品编号	岩石名称	Ni/Co	Rb/Sr
20J00690001	KDDE02-B2	安山斑岩	1.87	0.06
20J00690002	KDDE03-B3	安山斑岩	1.37	0.01
20J00690003	KDDT16-B1	火山热液角砾岩	0.87	0.01
20J00690006	KDDT03-B1	火山热液角砾岩	0.81	0.01
20J00690005	KDDL06-B2	黑云角闪安山斑岩	1.48	0.31

（3）稀土元素地球化学特征

稀土元素分析结果如表5-8所示，稀土元素分配曲线如图5-8所示。ΣREE 6.23~154.18μg/g，分配曲线均位于安山斑岩（Webepohl等）之下，稀土总量远低于安山斑岩平均含量，含量为黑云角闪安山斑岩＞火山热液角砾岩＞安山斑岩。

黑云角闪安山斑岩ΣREE=154.18μg/g，稀土总量低，LREE=146.06μg/g，HREE=8.12μg/g，轻稀土总量远大于重稀土，分配曲线向右倾斜，轻稀土富集程度高于重稀土，属轻稀土相对富集型。LREE/HREE=17.98，LaN/YbN=23.02，轻重稀土分异程度高，δEu=0.90，具弱铕负异常。

火山热液角砾岩ΣREE=33.10、81.15μg/g，稀土总量低，LREE=32.66、79.71μg/g，HREE=0.44、2.14μg/g，轻稀土总量远大于重稀土，分配曲线向右倾斜，轻稀土富集程度高于重稀土，属轻稀土相对富集型。LREE/HREE=73.66、37.27，LaN/YbN=78.74、52.07，轻重稀土分异程度高，δEu=1.18、0.90。

安山斑岩ΣREE=7.83、6.23μg/g，稀土总量在本次分析的三种岩石中最低，LREE=7.58、5.87μg/g，HREE=0.26、0.36μg/g，轻稀土总量远大于重稀

土，分配曲线向右倾斜，轻稀土富集程度高于重稀土，属轻稀土相对富集型。LREE/HREE=29.49、16.13，LaN/YbN=30.63、15.07，轻重稀土分异程度高，δEu=1.21、1.15，具弱铕正异常。

参与本次研究的安山斑岩与黑云角闪安山斑岩稀土总量差异大，且安山斑岩具弱铕正异常，黑云角闪安山斑岩具弱铕负异常，从稀土元素的特征差异分析其来自不同期次岩浆。

表 5-8　稀土元素分析结果表（μg/g）

岩性	编号	La	Ce	Pr	Nd	Sm	Eu	Gd	Tb
安山斑岩	KDDE02-B2	1.765	3.952	0.375	1.246	0.178	0.061	0.118	0.031
安山斑岩	KDDE03-B3	1.693	2.868	0.240	0.875	0.145	0.048	0.100	0.031
黑云角闪安山斑岩	KDDL06-B2	33.296	70.444	8.269	28.848	4.146	1.055	2.731	0.411
火山热液角砾岩	KDDT16-B1	8.942	16.620	1.605	4.939	0.423	0.128	0.196	0.035
火山热液角砾岩	KDDT03-B1	22.690	38.037	3.954	12.993	1.646	0.395	0.906	0.113

岩性	编号	Dy	Ho	Er	Tm	Yb	Lu	Y
安山斑岩	KDDE02-B2	0.029	0.013	0.013	0.006	0.041	0.006	0.493
安山斑岩	KDDE03-B3	0.057	0.022	0.047	0.013	0.081	0.013	0.831
黑云角闪安山斑岩	KDDL06-B2	2.100	0.380	1.124	0.174	1.038	0.165	11.068
火山热液角砾岩	KDDT16-B1	0.043	0.019	0.043	0.011	0.081	0.014	0.599
火山热液角砾岩	KDDT03-B1	0.394	0.079	0.232	0.046	0.313	0.056	2.379

岩性	编号	ΣREE	LREE	HREE	LREE/HREE	LaN/YbN	δEu	δCe
安山斑岩	KDDE02-B2	7.83	7.58	0.26	29.49	30.63	1.21	1.13
安山斑岩	KDDE03-B3	6.23	5.87	0.36	16.13	15.07	1.15	0.97
黑云角闪安山斑岩	KDDL06-B2	154.18	146.06	8.12	17.98	23.02	0.90	1.01
火山热液角砾岩	KDDT16-B1	33.10	32.66	0.44	73.66	78.74	1.18	0.99
火山热液角砾岩	KDDT03-B1	81.85	79.71	2.14	37.27	52.07	0.90	0.90

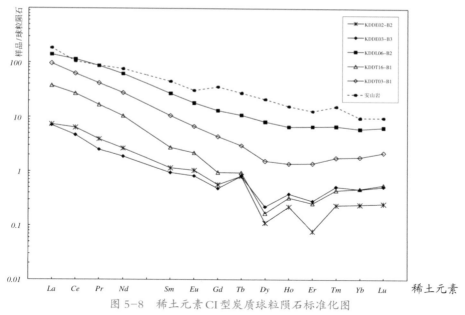

图 5-8 稀土元素 CI 型炭质球粒陨石标准化图

（C1 球粒陨石数据来自 Sun and McDonough，1989；安山斑岩中稀土元素含量据 Webepohl 等）

5.2 岩石同位素特征

5.2.1 硫同位素特征

本次测定的 3 件硫同位素样品，分别为安山斑岩和火山热液角砾岩全岩样，结果如表 5-9。全岩样品的 δ34S 值在 -0.65‰~4.03‰ 之间，平均值 2.32‰，硫同位素变化范围小。与国内斑岩型、火山作用成因的铜矿床的硫同位素值较为接近，而与沉积-改造型铜矿床的差异较大（斑岩型：δ34S=-1.7‰，孟金祥等人，2006；火山成因：δ34S=-1.9‰~4.3‰，李峰等，2012；沉积改造型δ34S=-20.46‰~5.7‰，李峰等人，2000），故推测研究区硫的主要物质来源与岩浆/火山作用相关。

但需要指出的是，本次工作尚未来得及做单矿物中的硫同位素含量。仅做全岩硫，一来与其他地区同类型矿床的对比性较差，二来无法分析硫化物之间的平衡关系以及估算平衡温度等。

表 5-9　硫同位素分析结果表

序号	样品号	样品名称	δ 34SC‰
1	KDDE02–B2	安山斑岩	−0.65
2	KDDT16–B1	火山热液角砾岩	3.59
3	KDDE03–B3	安山斑岩	4.03

5.2.2　铅同位素特征

铅同位素是一种有效的示踪剂，已被广泛应用于跟火山岩相关的矿床岩（矿）石成因、赋存环境、物质来源等方面的研究。由于铅的质量数大，不同的铅同位素之间的相对差较小，在地质作用过程中，铅同位素组成变化不明显，因此，成矿热液中的铅，基本可以反映其源区同位素的特征。

表 5-10　铅同位素分析结果表

样号	岩性	$^{206}Pb/^{204}Pb$	Std err	$^{207}Pb/^{204}Pb$	Std err	$^{208}Pb/^{204}Pb$	Std err
KDDE02–B2	安山斑岩	18.5752	0.0010	15.6256	0.0006	38.7750	0.0020
KDDET16–B1	火山热液角砾岩	18.4708	0.0015	15.6758	0.0014	38.7194	0.0028
KDDE03–B3	安山斑岩	18.5438	0.0011	15.6439	0.0012	38.7677	0.0032

样号	岩性	μ	ω	Th/U	△ α	△ β	△ γ
KDDE02–B2	安山斑岩	9.5	37.23	3.79	76.27	19.34	38.23
KDDET16–B1	火山热液角砾岩	9.61	38.05	3.83	80.92	23.21	42.79
KDDE03–B3	安山斑岩	9.54	37.54	3.81	77.98	20.73	40.04

注：μ、ω、Th/U、△ α、△ β、△ γ 参数均通过 GeoKit 计算所得

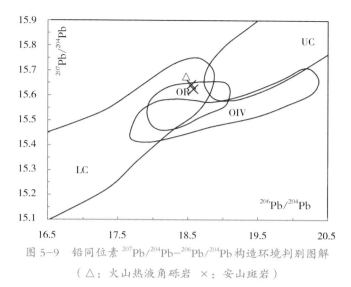

图 5-9　铅同位素 $^{207}Pb/^{204}Pb-^{206}Pb/^{204}Pb$ 构造环境判别图解

（△：火山热液角砾岩　×：安山斑岩）

据 R E Zartman and B R Doe. 1981. Plumbotectonics－the model. Tectonophysics

LC－下地壳；UC－上地壳；OIV－洋岛火山岩；OR－造山带

本次测定了 3 件铅同位素，其中安山斑岩样品 2 件，火山热液角砾岩样品 1 件，样品均来自蒙育瓦矿区 K 矿，测试结果如表 5-10 所示。

由表 5-10 可见，矿区岩石中 $^{206}Pb/^{204}Pb$ 值 18.4708 ～ 18.5752，极差 0.1044，$^{207}Pb/^{204}Pb$ 值 15.6256 ～ 15.6758，极差 0.0502，$^{208}Pb/^{204}Pb$ 值 38.7194 ～ 38.7750，极差 0.0556。不同铅同位素比值变化域值（极差）极小，反映出区内成矿物质具有单一来源的特征。

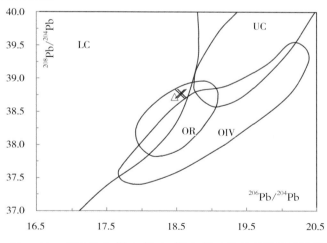

图 5-10　铅同位素 $^{208}Pb/^{204}Pb-^{206}Pb/^{204}Pb$ 构造环境判别图解

（△：火山热液角砾岩　×：安山斑岩）

据 R E Zartman and B R Doe. 1981. Plumbotectonics－the model. Tectonophysics

LC－下地壳；UC－上地壳；OIV－洋岛火山岩；OR－造山带

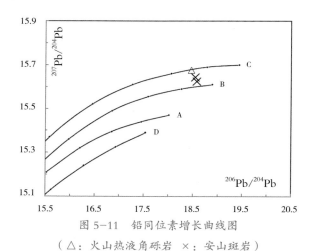

图 5-11 铅同位素增长曲线图

（△：火山热液角砾岩 ×：安山斑岩）

据 R E Zartman and B R Doe. 1981. Plumbotectonics － the model. Tectonophysics

A- 地幔；B- 造山带；C- 上地壳；D- 下地壳

本次分别采用铅同位素$^{207}Pb/^{204}Pb$–$^{206}Pb/^{204}Pb$、$^{208}Pb/^{204}Pb$–$^{206}Pb/^{204}Pb$图解判断区内成矿构造环境，如图5-9、5-10。采用不同的铅同位素比值进行判定，本次测试的样品点基本都落在造山带区域内，仅有$^{207}Pb/^{204}Pb$–$^{206}Pb/^{204}Pb$图解中火山热液角砾岩落在造山带区域边缘，下地壳区域内。通过铅同位素增长曲线图（图5-11）可见，本次测试的三件样品点均落在造山带演化曲线与上地壳演化曲线之间。一般认为，造山带来源的岩浆具有幔源和壳源混合的特征，与本次通过铅同位素△γ-△β图解进行成因分类研究（图5-12）所得出"铅来源于上地壳与地幔混合的俯冲带铅"的结果一致。△γ-△β图解中三件样品均落于与岩浆作用相关的上地壳与地幔混合的俯冲带铅区域内。

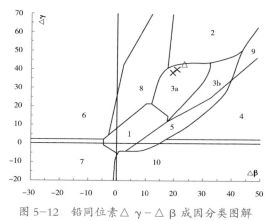

图 5-12 铅同位素△γ－△β 成因分类图解

（△：火山热液角砾岩 ×：安山斑岩）

底图据朱炳泉，1998。1.地幔源铅；2.上地壳铅；3.上地壳与地幔混合的俯冲带铅（3a.岩浆作用；3b.沉积作用）；4.化学沉积型铅；5.海底热水作用铅；6.中深变质作用铅；7.深

变质下地壳铅；8.造山带铅；9.古老页岩上地壳铅；10.退变质铅

综上所述，区内成矿作用主要为俯冲造山过程中的岩浆活动，成矿物质主要来源于地幔和上地壳物质的混合。

5.3 成矿流体特征

5.3.1 流体包裹体岩相学

本次研究选取了 17 个岩石和矿石样品进行流体包裹体片的磨制和流体包裹体显微岩相学观察。蒙育瓦矿区中发育流体包裹体较小，一般在 $10\mu m$ 以下，少数在 $10\sim15\mu m$ 之间。根据气相填充度以及流体成分差异将研究区发育的流体包裹体分为以下四大类。照片 5-1 给出了矿区中典型的流体包裹体图片。

Ⅰ类为纯液相 $NaCl-H_2O$ 流体包裹体。这类包裹体常呈负晶形。

Ⅱ类为气液两相 $NaCl-H_2O$ 流体包裹体，液体填充度介于 20%~80% 之间。这类包裹体常呈椭圆形或者不规则形，少量呈负晶形。

Ⅲ类为富气相 $NaCl-H_2O$ 流体包裹体，液体填充度 < 20%。这类包裹体常呈椭圆形或者不规则形以及负晶形。

Ⅳ类为含子晶多相包裹体。其中Ⅳa类为富液相、含钠盐子晶包裹体（少数为富气相、含钠盐子晶），一般呈现负晶形形态；Ⅳb类为含钠盐和金属子晶包裹体，多为负晶形，少数显示不规则形或椭圆形；Ⅳc类为富气相/纯气相含金属子晶包裹体，多呈现负晶形形态。

5.3.2 流体包裹体显微测温

（1）流体包裹体显微测温样品的选择

在流体包裹体岩相学观察的基础上，选取了 5 个样品做流体包裹体显微测温分析。这些样品分别选自火山热液角砾岩、钾化—黄铁绢英岩化阶段、黄铁绢英岩化阶段、黄铁绢英岩化—青磐化阶段，以及矿化晚阶段（表 5-11、照片 5-2）。

表 5-11　测试样品岩性特征及矿物组合

标本编号	矿化阶段	矿物组合
B3	火山热液角砾岩	岩浆岩角砾 + 脉体中热液矿物
KDDL09-B1	钾化 - 黄铁绢英岩化阶段	钾长石 + 石英 + 黄铁矿
KDDT16-B2	黄铁绢英岩化阶段	石英 + 黄铁矿
KDDT20-B1	黄铁绢英岩化 - 青磐岩化阶段	石英 + 黄铁矿 + 辉铜矿
B3	矿化晚阶段	方解石 + 黄铁矿

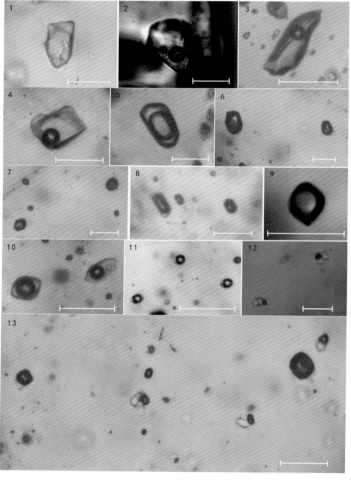

照片 5-1　蒙育瓦矿床发育的典型流体包裹体照片

1：纯液体包裹体；2~5：气液两相包裹体；6~8：富气相-纯气相包裹体；9：富气相含金属子晶包裹体；10、11：富气相含金属子晶包裹体 + 富液相含钠盐子晶包裹体；12：含多个钠盐子晶包裹体；13：富液相含钠盐子晶包裹体 + 富气相包裹体。图片中的线段长度为 20 μm

照片 5-2　测温流体包裹体样品

a.样品B3；b.样品KDDL09-B1；c.样品KDDT16-B2；d.KDDT20-B1；e.B1

（2）流体包裹体显微测温结果

　　流体包裹体测温结果显示，蒙育瓦矿区流体包裹体均一温度主要在80~460℃之间，盐度在2%~50%之间。做了均一温度和盐度分布直方图（图5-13）。这些温度和盐度都分成了两个区间。温度有两个峰值：80~180℃、320~440℃；盐度也有两个峰值：4%~12%、28%~40%。从流体包裹体盐度-温度-流体密度图（图5-14）可以看出，高温的流体包裹体进一步分了高盐度和低盐度两个区间。

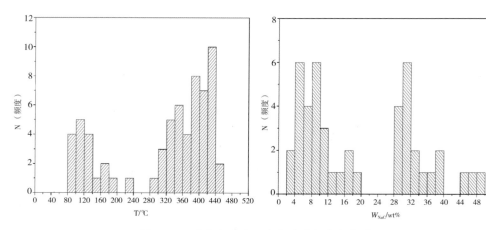

图 5-13　流体包裹体温度和盐度频度直方图

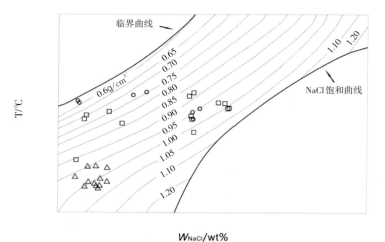

图 5-14　流体包裹体盐度－温度－流体密度图（底图据 Bordnar，1983）

5.3.3　蒙育瓦矿床成矿流体特点

火山热液角砾岩中的流体包裹体集中主要发育于火山热液形成的石英中，少数发育于破碎的角砾中，这类角砾应该是早期形成的石英－硫化物脉的角砾碎屑。流体包裹体的类型主要是Ⅳ类包裹体，即含盐类子晶包裹体和富气相含金属子晶包裹体。说明了火山热液为高温高盐度且富集金属成矿元素的流体（图5-15）。

主成矿阶段的流体包裹体也主要是含盐类子晶包裹体和富气相含金属子晶包裹体，以及部分Ⅱ类气液包裹体和Ⅲ类富气相包裹体。说明成矿阶段的流体继承了岩浆热液的特点（照片5-3）。

成矿后期的流体包裹体主要是Ⅱ类气液包裹体和Ⅰ类纯液相包裹体。

蒙育瓦地区发育的流体包裹体的成分主要是$H_2O-NaCl$，流体包裹体岩相学和显微测温过程没有发现有CO_2或其他挥发分的存在，但进一步地证实还需要进行系统的激光拉曼分析。

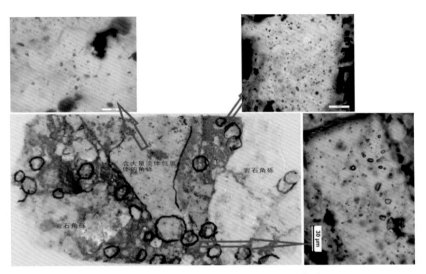

图5-15　热液角砾岩中的流体包裹体发育情况

（蓝色圈中是流体包裹体极为发育的部位，主要发育于热液脉的石英中，部分发育于石英－黄铁矿角砾中）

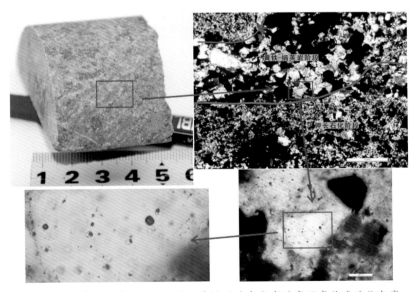

照片5-3　黄铁绢英岩阶段石英－黄铁矿脉中发育的高温高盐度流体包裹

蒙育瓦地区发育的流体包裹体的岩相学和测温学结果表明，成矿流体与斑岩型矿床的成矿流体极为相似。流体包裹体组合主要为富液相含盐类子晶包裹体+富气相含金属子晶包裹体，流体显示出高温高盐度的特征，与第一章中所归纳的斑岩型矿床成矿流体温度–盐度分布区间及流体演化路径极为相似（图1-4）。但也有差异：①从目前所采的蒙育瓦矿区的样品中所观察到的流体包裹体以富气相包裹体为主，但斑岩型矿床中普遍发育大量的以液相为主的流体包裹体。究其原因，可能是蒙育瓦矿床本身H_2O含量比一般的斑岩型矿床低，但也有可能目前所采集的样品只是成矿斑岩体的外围，因为气体本身运移会比液态流体快且远。②造山型斑岩矿床中的流体包裹体中普遍含有CO_2，而蒙育瓦地区的至少在岩相学观察和测温过程都没有发现。这可能是由于围岩或者岩浆源区的差异，具体原因还需要做进一步的同位素等相关工作。

第六章
物探、化探、遥感
特征及异常模型

6.1 矿床地球物理异常特征

地球物理EH4电磁测深成像系统是一套将天然场源和人工场源相结合的电磁测深系统，以不同的岩石在导电性和导磁性上的差异作为测深的物性基础，通过连续点阵上的测量得到地下二维剖面的视电阻率图像，以此推测地下断裂、地层的展布状态（王冲等人，2009）。本次研究工作利用蒙育瓦铜矿床前期做过的EH4电磁测深及钻探验证工作，选择了4条典型剖面（图6-1）进一步对蒙育瓦铜矿床物性特征及异常进行了分析研究，矿区各类岩（土）层的物性参数测定结果见表6-1。经对蒙育瓦铜矿床的地球物理特征的总结分析，确定了其异常模型，可指导今后在找矿工作中的成矿预测研究及外围找矿靶区优选。

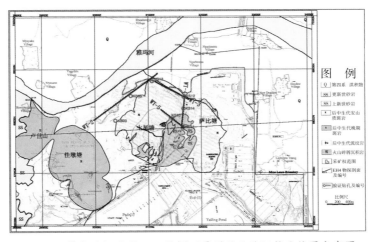

图 6-1　蒙育瓦铜矿区 EH4 物探测量剖面及验证钻孔位置分布图

6.1.1　WT-2 线 EH4 电磁测深结果

WT-2 号测线位于 K 矿北西侧外围，呈北东方向展布，长度 1500m，地形平坦，标高约 580m，上部基本被第四系冲洪积层覆盖，其北西侧为雅玛河水域，测量结果如图 6-2 所示。

表 6-1　蒙育瓦铜矿区地层电参数测定表

岩性	电阻率（Ω·m）		备注
	变化范围	平均值	
近地表黏土及粉质黏土层	150 ~ >2000		变化较大
碎石土层	180 ~ 420	270	
砾砂、粗、细砂层	25 ~ 125	65	
全 – 强风化安山斑岩层	60 ~ 310	260	
强 – 中风化安山斑岩层	260 ~ 1650	350	
全 – 强风化砂、泥岩层	40 ~ 370	280	
强 – 中风化砂、泥岩层	280 ~ 1250	420	
火山碎屑岩	190 ~ 1580	360	

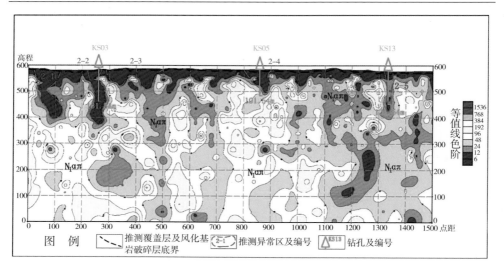

图 6-2　WT-2 电磁测深反演推断剖面图

从图 6-2 可以看出，浅部的电阻率都很低，在 15Ω·m 以下，该低阻带与地形起伏相一致。根据对矿区岩（土）层物性参数（表 6-1）推测，该低阻带为第四系覆盖层及全-强风化基岩带。而下部岩层电阻率相对稍高，根据电阻率参数结合地质认识，其下伏地层推测主要为安山质斑岩，局部夹碎屑岩捕虏体及角砾岩层（脉）。这些岩石均存在一定程度的矿化，致使其电阻率较正常斑岩体的电阻率低。在剖面线的 20~120m、220~270m、290~500m、800 ～ 900m、1320~1350m 等处，分别存在 5 个低阻片状或带状异常，产状很陡，推测为强蚀变安山斑岩或含高硫化物（矿化）安山斑岩，局部深部捕房体状异常推测为含矿化岩体（岩脉）或热液角砾岩（岩墙）。

结合剖面上已有工程KS03、KS05、KS13，对剖面上电磁测深的低阻带进行工程验证。KS03钻孔揭露岩石显示，0 ～ 130m深度范围内大部分为铜矿化安山斑岩，局部为热液角砾岩，这也很好地验证了此低阻异常带（220 ～ 270m异常带）应为一含高硫化物的脉状含矿斑岩体及含矿热液角砾岩脉。KS05钻孔揭露岩石显示，钻孔揭露地层岩性以全–强风化晚期斑岩为主，包含一段垂厚约1 m的构造角砾岩带。钻孔施工过程中，显示此钻孔处的地下水较为丰富，推测此处（800 ～ 900m异常带）低阻异常的原因为构造裂隙带富水引起的异常。KS13验证钻孔揭露显示，0 ～ 131.54m深度范围内岩性以安山斑岩为主，局部为热液角砾岩，其中75 ～ 85m深度范围内明显有铜矿化，验证了此低阻异常带（1320 ～ 1350m异常带）为含铜矿化体所引起的异常，为一脉状含硫化物的斑岩体。

6.1.2 WT–3 线电磁测深结果

WT–3号测线位于床K矿采区北东侧、S矿采区外围北西侧，呈南东方向展布，全剖面线长度720m（280 ～ 1000m），地形起伏总体不大，局部采坑台阶处稍大，标高约585m，该剖面线通过地段，地层以中新世安山斑岩为主，地表大多被第四系碎石土层覆盖，南东侧为第四系冲洪积层覆盖。测量结果如图6-3所示。

从图 6-3 可见，浅部的电阻率都很低，在 15Ω·m 以下，深度 6~30m 范围内为一条带状低阻带，该低阻带与地形起伏基本一致，局部呈波状起伏，推测为第四系覆盖层及全–强风化基岩带；其下伏地层推测主要为安山质斑岩，局部夹碎屑岩捕房体及热液角砾岩，这些岩体存在一定程度的铜矿化，致使其电阻率较正常斑岩体的电阻率低。其中，分别在剖面 510~530m、670~710m、730~770m、860~920m处存在 4 个低阻片状或带状异常，电阻率值普遍小于50Ω·m，低阻异常整体呈带状或串珠状向深部延伸。

该剖面上已有验证工程KS12钻孔，位于WT–3剖面860~920m异常段内。该钻孔揭露显示，0~101.54m范围内岩性大部分为铜矿化安山斑岩，其中 0~8.44m为第四系含砾砂岩，为冲洪积层，富含地下水，电阻率值低于12Ω·m；21.59~42.24m段为晚期斑岩（无矿化），电阻率值小于50Ω·m；42.24~101.54m段为铜矿化安山斑岩。此异常带异常值小于30Ω·m，异常带内岩体低于正常安山斑岩体的电阻率值，验证了含铜矿化斑岩体的存在引起了此异常带的低电阻率特性。

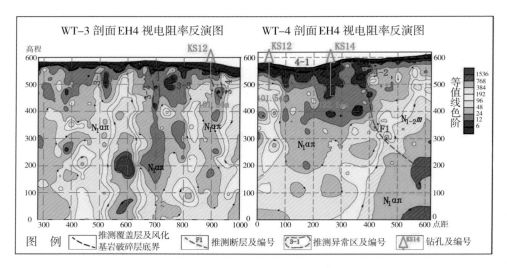

图6-3　WT-3、WT-4电磁测深反演推断剖面图

6.1.3　WT-4线电磁测深结果

WT-4号测线位于K矿采坑东侧、S矿采坑西侧的两矿床之间范围，呈近南北方向展布，剖面线长度620m。地形南侧高北侧低，高差约30m，地形坡度小于5°，出露岩石主要为安山斑岩及火山碎屑岩，并以F1断层分界，上覆第四系残坡积碎石土层，剖面北端25m为第四系冲洪积层。测量结果如图6-3所示。

从图6-3可以看出，深度5~25m范围内为一条带状低阻带，该低阻带与地形起伏相一致，推测为第四系覆盖层及全-强风化基岩带，其下伏地层推测主要为安山质斑岩、火山碎屑岩。其中，分别在剖面30~300m、340~400m处存在2个低阻片状异常，普遍电阻率值在几~25Ω·m。低阻异常整体呈带状或串珠状向深部延伸，推测为含水裂隙破碎带（区）或岩石深蚀变带（区）。另外，位于剖面360m左右处存在1个串珠状低阻异常带向剖面南端延伸，推测该异常带由F1断层破碎带所引起，该断层上部向南陡倾，深部可能向北反倾。

验证钻孔KS12位于WT-4剖面40m位置处，处在30~300m片状低阻异常带内。根据钻孔揭露岩性，在0~30m深度范围内上部以坎岗组含砾砂岩为主，此地层富水性较强，因此显示低阻异常。验证钻孔KS14位于WT-4剖面260m位置处，处在30~300m片状低阻异常带内。根据钻孔揭露岩性，0~19.77m深度范围为安山斑岩淋滤帽，赤铁矿化、褐铁矿化明显；19.77~122.54m深度范围内为铜矿化安山斑岩。KS14钻孔正处于异常带内，岩石矿化信息很好地验证了此带异常为铜矿化所引起。

另外，根据地质信息揭示，WT-4剖面360m位置处为F1逆断层经过处，断层上盘岩性为火山碎屑岩，几乎不含铜矿化；下盘为安山斑岩，富含铜矿化，断层向南东陡倾，倾角约70°。在断层经过处，岩体较破碎，蚀变程度高，富水性也相对较强，故而呈现出电阻率低值异常。

从图6-3还可以看出，WT-4剖面深部南侧（F1断层上盘）电阻率值90 ~ 1500Ω·m，普遍要高于剖面北侧。这也反映出，断层两盘不同岩性段内的铜矿化富集程度明显不同，这对电阻率值的差异性影响明显。

6.1.4 WT-5线电磁测深结果

WT-5号测线位于K矿采坑中部、S矿采坑西侧，呈近南东方向展布，剖面长度560m。地形平坦，标高约610m，出露岩石主要为安山斑岩及火山碎屑岩，并以F1断层为界，上覆第四系残坡积碎石土层。测量结果如图6-4所示。

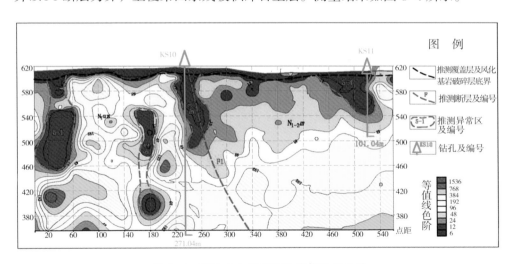

图6-4　WT-5电磁测深反演推断剖面图

从图6-4看，深度5 ~ 20m范围内为一条带状低阻带，该低阻带与地形起伏相一致，推测为第四系覆盖层及全-强风化基岩带，其下伏地层推测主要为安山质斑岩、火山碎屑岩，安山斑岩与火山碎屑岩以断层破碎带接触。其中，分别在剖面20~50m、160~190m、220~260m、440~525m处存在4个低阻片状异常，普遍电阻率值在几至25Ω·m，低阻异常整体呈带状或串珠状向深部延伸。另外，位于剖面240m左右处存在1个低阻异常带，并向剖面南东端延伸，推测该异常带由断层破碎带（F1断层）所引起，该断层向南东陡倾。从验证钻孔KS10岩心揭露情况看，推测的断层位置、产状与钻孔揭露基本吻合，很好地验证了WT-5剖面220~260m处低阻异常带是由于断层破碎带的影响引起的。

综合以上电磁法地球物理特征及异常识别，各物探测量剖面的含矿斑岩或矿（化）体的电阻率值普遍偏低，电阻率值大多在500Ω·m以下，且异常带多呈条带状、板片状陡倾分布。这些异常特征可以有效揭示含矿斑岩体的埋藏位置，总体也符合岩浆热液型矿床的物探异常特征，可作为勘查找矿标志。

物探测量结果还显示，并非所有异常均可指示含铜矿化体。但是，通过地质综合研究分析，可以进一步剔除非矿异常，以便有效地指导成矿有利靶区的圈定，为找矿工作部署提供了有效的支撑依据。

6.2 原生晕地球化学异常特征

6.2.1 原生晕地球化学特征

（1）研究区景观条件

蒙育瓦铜矿区所处的蒙育瓦盆地，为一平原区内的内陆盆地，地势平坦，平均高程580m（独立坐标系高程），其间零星散布有低山、丘陵。这些低山、丘陵环绕蒙育瓦盆地。矿区内L矿莱比塘山最高标高880m，S&K矿七星塘山最高标高720m，佳敦塘主山最高标高770m，卢世山最高标高675m，各山头地形坡度25°~45°。其中，莱比塘山高差相对较大，坡度较陡，卢世山相对平缓。区内最低侵蚀基准面（即钦墩江水面）为570m。

矿区以热带季风气候为主，常年无霜，干、湿季分明。全年可分为凉、干、雨三季：每年10月至翌年2月为凉季；每年3—5月是缅甸气温最热的干季；每年6月中旬以后多吹西南季风进入雨季，尤其是7月、8月更是大雨滂沱。年平均气温为28.2℃，气温最高的月份为3—5月，月平均气温30℃以上。多年平均降雨量约850mm，降雨主要集中在每年的8—10月份。平均年蒸发量约1500mm，相对湿度72%。主导风向为西南风和东南风，平均风速3.9~8.9m/s。

区内植被较发育，覆盖率达80%~90%，以灌木林、杂草为主，局部山地被开垦为耕地。岩石主要为安山斑岩、火山碎屑岩、角闪黑云安山斑岩及少量砂岩。岩石坚硬，裂隙发育，岩石中充填有大量的赤铁矿细（网）脉，风化后土壤呈红色、黄棕色。

综上所述，区内自然景观条件极为有利于岩石的风化、剥蚀，水系发育良好，风化淋滤作用强烈，适宜开展地球化学测量用于指导找矿勘查工作。

（2）原生晕元素组成特征

地球化学元素分布首先受其内因——不同地质单元地球化学特征的制约，同时也受后期构造、变质、岩浆作用及热液蚀变与表生地球化学作用的综合影响，是区内基础地质及矿产普查的地球化学信息库。

2017 年，我院项目组曾在 S&K 矿区开展过佳墩塘山区域的地质地球化学找矿验证工作（无矿验证），开展了 1/5 千地质测量的同时，在角闪黑云安山斑岩基岩出露点进行了化探原生晕测量工作。通过使用手持快速分析仪，测试了佳墩塘山工作区内共 Sn、Sb、Cd、Ag、Sr、Rb、Pb、Se、As、Hg、Zn、Ni、Cu、Co、Fe、Cr、Mn 17 个元素的含量（表 6–2）。通过与地壳中的中性岩浆岩化学元素平均丰度对比的结果显示，佳墩塘山工作区内地球化学元素有显著的含量变化或异常显示，为区内开展地球化学找矿工作提供了有利条件。

表 6–2　地壳中性岩与佳敦塘地球化学元素含量（单位：ppmm）对比表

地壳中性岩元素平均丰度		佳敦塘角闪黑云安山斑岩元素平均含量	
元素	数值	元素	数值
Sn	1.5	Sn	102.59
Sb	0.2	Sb	220.3
Cd	0.13	Cd	46.2
Ag	0.07	Ag	23.32
Sr	200	Sr	686.50
Rb	100	Rb	12.14
Pb	15	Pb	924.45
Se	0.05	Se	2.05
As	2.4	As	26.18
Hg	0.09	Hg	2.63
Zn	72	Zn	890.86
Ni	55	Ni	95.09
Cu	35	Cu	140.21
Co	10	Co	114.24
Fe	58500	Fe	111790
Cr	50	Cr	65.91
Mn	1200	Mn	12831

注：数据来源为蒙育瓦铜矿区佳墩塘矿区化探测试报告

表6-3 蒙育瓦铜矿区光谱全分析结果表

分析编号	样品编号	Ba ω(B)/(10⁻²)	Be ω(B)/(10⁻²)	Sb ω(B)/(10⁻²)	Mn ω(B)/(10⁻²)	Mg ω(B)/(10⁻²)	Pb ω(B)/(10⁻²)	Sn ω(B)/(10⁻²)	As ω(B)/(10⁻²)	Si ω(B)/(10⁻²)	Ga ω(B)/(10⁻²)	W ω(B)/(10⁻²)	Nb ω(B)/(10⁻²)	Cr ω(B)/(10⁻²)
16C05260006	KDDT10-YQ1	0.05	<0.001	<0.01	0.02	0.2	0.01	<0.005	<0.03	>10	<0.003	<0.01	<0.005	<0.01
16C05260009	KDDT09-YQ1	0.05	<0.001	<0.01	0.01	0.1	0.01	<0.005	<0.03	>10	0.003	<0.01	<0.005	<0.01
16C05260004	KDDL05-YQ2	0.1	<0.001	<0.01	0.01	0.2	0.02	<0.005	<0.03	>10	0.003	<0.01	<0.005	<0.01
16C05260014	KDDL09-YQ1	0.1	<0.001	<0.01	0.02	0.1	0.01	<0.005	<0.03	>10	0.003	<0.01	<0.005	0.02
16C05260012	KDDT28-YQ1	0.05	<0.001	<0.01	0.01	0.1	0.01	<0.005	<0.03	>10	<0.003	<0.01	<0.005	<0.01
16C05260015	KDDE05-YQ1	0.01	<0.001	<0.01	0.02	0.1	0.01	<0.005	<0.03	>10	0.003	<0.01	<0.005	<0.01
16C05260003	KDDL05-YQ1	0.1	<0.001	<0.01	0.01	0.1	0.01	<0.005	0.03	>10	<0.003	<0.01	<0.005	<0.01
16C05260011	KDDT23-YQ1	0.05	<0.001	<0.01	0.02	0.1	0.01	0.01	0.03	>10	<0.003	<0.01	<0.005	<0.01
16C05260008	KDDT06-YQ1	0.05	<0.001	<0.01	0.02	0.3	0.01	<0.005	<0.03	>10	0.003	<0.01	<0.005	<0.01
16C05260010	KDDT22-YQ1	0.05	<0.001	<0.01	<0.01	0.3	<0.01	<0.005	<0.03	>10	<0.003	<0.01	<0.005	<0.01
16C05260005	KDDT02-YQ1	0.05	<0.001	<0.01	0.1	2	0.01	<0.005	<0.03	>10	<0.003	<0.01	<0.005	<0.01
16C05260007	KDDT20-YQ1	0.05	<0.001	<0.01	0.5	1	0.01	<0.005	<0.03	>10	<0.003	<0.01	<0.005	<0.01
16C05260013	KDDT34-YQ1	0.05	<0.001	<0.01	0.3	1	0.01	<0.005	<0.03	>10	<0.003	<0.01	<0.005	<0.01

续表

项目 分析编号	样品编号	Ba ω(B)/(10⁻²)	Be ω(B)/(10⁻²)	Sb ω(B)/(10⁻²)	Mn ω(B)/(10⁻²)	Pb ω(B)/(10⁻²)	Sn ω(B)/(10⁻²)	As ω(B)/(10⁻²)	Si ω(B)/(10⁻²)	Ga ω(B)/(10⁻²)	W ω(B)/(10⁻²)	Nb ω(B)/(10⁻²)	Cr ω(B)/(10⁻²)
16C05260002	KDDT01-YQ1	0.01	<0.001	<0.01	0.01	0.01	<0.005	<0.03	>10	0.003	<0.01	<0.005	0.01
16C05260001	KDDL12A-YQ1	0.01	<0.001	<0.01	0.05	0.01	<0.005	<0.03	>10	<0.003	<0.01	<0.005	0.01
CT17-113	KDDE05-YQ2	<0.03	<0.001	<0.01	0.01	0.006	0.003	0.005	>10	0.001	0.02	<0.01	0.05
CT17-114	KDDW01-YQ1	<0.03	<0.001	<0.01	0.03	0.004	0.001	0.006	>10	0.002	0.007	<0.01	0.002

项目 分析编号	样品编号	Fe ω(B)/(10⁻²)	Ge ω(B)/(10⁻²)	Ni ω(B)/(10⁻²)	Bi ω(B)/(10⁻²)	Al ω(B)/(10⁻²)	Mo ω(B)/(10⁻²)	Ca ω(B)/(10⁻²)	V ω(B)/(10⁻²)	Y ω(B)/(10⁻²)	La ω(B)/(10⁻²)	Cu ω(B)/(10⁻²)	Cd ω(B)/(10⁻²)	Ag ω(B)/(10⁻²)
16C05260006	KDDT10-YQ1	4	<0.003	<0.005	0.001	10	<0.005	0.2	0.01	<0.003	<0.01	0.02	<0.003	<0.0001
16C05260009	KDDT09-YQ1	3	<0.003	<0.005	<0.001	8	<0.005	0.1	0.01	<0.003	<0.01	0.2	<0.003	<0.0001
16C05260004	KDDL05-YQ2	5	<0.003	<0.005	<0.001	10	<0.005	0.2	0.01	<0.003	<0.01	0.5	<0.003	<0.0001
16C05260014	KDDL09-YQ1	4	<0.003	0.005	<0.001	10	<0.005	0.2	0.01	<0.003	<0.01	0.5	<0.003	<0.0001
16C05260012	KDDT28-YQ1	5	<0.003	<0.005	<0.001	10	<0.005	0.1	0.01	<0.003	<0.01	0.5	<0.003	<0.0001
16C05260015	KDDE05-YQ1	4	<0.003	<0.005	0.001	8	<0.005	0.2	0.01	<0.003	<0.01	0.5	<0.003	0.0002
16C05260003	KDDL05-YQ1	8	<0.003	0.005	0.001	8	<0.005	0.2	0.01	<0.003	<0.01	3	<0.003	0.0005
16C05260011	KDDT23-YQ1	10	<0.003	<0.005	0.001	8	<0.005	0.1	0.01	<0.003	<0.01	4	<0.003	0.002

续表

项目 分析编号	样品编号	Fe ω(B)/(10⁻²)	Ge ω(B)/(10⁻²)	Ni ω(B)/(10⁻²)	Bi ω(B)/(10⁻²)	Al ω(B)/(10⁻²)	Mo ω(B)/(10⁻²)	Ca ω(B)/(10⁻²)	V ω(B)/(10⁻²)	Y ω(B)/(10⁻²)	La ω(B)/(10⁻²)	Cu ω(B)/(10⁻²)	Cd ω(B)/(10⁻²)	Ag ω(B)/(10⁻²)
16C05260008	KDDT06-YQ1	4	<0.003	<0.005	<0.001	10	<0.005	0.2	0.01	<0.003	<0.01	0.02	<0.003	<0.0001
16C05260010	KDDT22-YQ1	10	<0.003	<0.005	<0.001	8	<0.005	0.1	0.02	<0.003	<0.01	0.1	<0.003	<0.0001
16C05260005	KDDT02-YQ1	5	<0.003	<0.005	<0.001	8	0.005	3	0.01	<0.003	<0.01	0.06	<0.003	<0.0001
16C05260007	KDDT20-YQ1	5	<0.003	<0.005	<0.001	8	<0.005	0.3	0.01	<0.003	<0.01	0.02	<0.003	<0.0001
16C05260013	KDDT34-YQ1	4	<0.003	<0.005	<0.001	8	<0.005	5	0.01	<0.003	<0.01	0.05	<0.003	<0.0001
16C05260002	KDDT01-YQ1	5	<0.003	0.005	<0.001	8	<0.005	0.2	0.01	<0.003	<0.01	0.03	<0.003	<0.0001
16C05260001	KDDL12A-YQ1	4	<0.003	0.005	<0.001	8	<0.005	0.2	<0.01	<0.003	<0.01	0.04	<0.003	0.0001
CT17-113	KDDE05-YQ2	6	<0.001	0.004	0.002	5	0.002	0.2	0.01			0.01	<0.001	0.0001
CT17-114	KDDW01-YQ1	2	<0.001	0.002	0.001	3	0.001	0.4	0.01	<0.003	<0.01	0.007	<0.001	<0.0001

项目 分析编号	样品编号	Yb ω(B)/(10⁻²)	Zn ω(B)/(10⁻²)	Ti ω(B)/(10⁻²)	Zr ω(B)/(10⁻²)	Co ω(B)/(10⁻²)	Sr ω(B)/(10⁻²)	K ω(B)/(10⁻²)	Na ω(B)/(10⁻²)	Li ω(B)/(10⁻²)	Sc ω(B)/(10⁻²)	P ω(B)/(10⁻²)	B ω(B)/(10⁻²)
16C05260006	KDDT10-YQ1	<0.003	<0.01	0.3	0.01	<0.005	0.03	2	0.3	<0.01	<0.003	<0.3	<0.01
16C05260009	KDDT09-YQ1	<0.003	<0.01	0.2	0.01	<0.005	0.03	2	0.3	<0.01	<0.003	<0.3	<0.01
16C05260004	KDDL05-YQ2	<0.003	<0.01	0.3	0.01	<0.005	0.03	2	0.3	<0.01	<0.003	<0.3	<0.01

续表

项目 分析编号	样品编号	Yb $\omega(B)/(10^{-2})$	Zn $\omega(B)/(10^{-2})$	Ti $\omega(B)/(10^{-2})$	Zr $\omega(B)/(10^{-2})$	Co $\omega(B)/(10^{-2})$	Sr $\omega(B)/(10^{-2})$	K $\omega(B)/(10^{-2})$	Na $\omega(B)/(10^{-2})$	Li $\omega(B)/(10^{-2})$	Sc $\omega(B)/(10^{-2})$	P $\omega(B)/(10^{-2})$	B $\omega(B)/(10^{-2})$
16C05260014	KDDL09-YQ1	< 0.003	< 0.01	0.6	0.02	< 0.005	0.03	3	0.3	< 0.01	< 0.003	< 0.3	< 0.01
16C05260012	KDDT28-YQ1	< 0.003	< 0.01	0.2	0.01	< 0.005	0.08	2	0.3	< 0.01	< 0.003	< 0.3	< 0.01
16C05260015	KDDE05-YQ1	< 0.003	< 0.01	0.2	0.01	< 0.005	0.08	2	0.3	< 0.01	< 0.003	< 0.3	< 0.01
16C05260003	KDDL05-YQ1	< 0.003	< 0.01	0.4	0.01	< 0.005	0.05	1	0.3	< 0.01	< 0.003	< 0.3	< 0.01
16C05260011	KDDT23-YQ1	< 0.003	< 0.01	0.2	0.01	< 0.005	0.03	2	0.3	< 0.01	< 0.003	< 0.3	< 0.01
16C05260008	KDDT06-YQ1	< 0.003	< 0.01	0.2	0.01	< 0.005	0.03	2	0.5	< 0.01	< 0.003	< 0.3	< 0.01
16C05260010	KDDT22-YQ1	< 0.003	< 0.01	0.2	0.01	< 0.005	< 0.01	2	0.3	< 0.01	< 0.003	< 0.3	< 0.01
16C05260005	KDDT02-YQ1	< 0.003	0.01	0.2	0.01	< 0.005	0.03	3	1	< 0.01	< 0.003	< 0.3	< 0.01
16C05260007	KDDT20-YQ1	< 0.003	0.05	0.2	0.01	< 0.005	< 0.01	2	0.8	< 0.01	< 0.003	< 0.3	< 0.01
16C05260013	KDDT34-YQ1	< 0.003	0.01	0.2	0.01	< 0.005	0.01	2	0.3	< 0.01	< 0.003	< 0.3	0.01
16C05260002	KDDT01-YQ1	< 0.003	< 0.01	0.4	0.02	< 0.005	0.03	2	0.3	< 0.01	< 0.003	< 0.3	< 0.01
16C05260001	KDDL12A-YQ1	< 0.003	< 0.01	0.1	0.01	< 0.005	0.01	2	0.3	< 0.01	< 0.003	< 0.3	< 0.01
CT17-113	KDDE05-YQ2		< 0.01	0.5		0.002						0.1	< 0.01
CT17-114	KDDW01-YQ1		0.01	0.4		0.001						0.1	0.01

6.2.2 岩（矿）石成矿元素组成特征

为了全面了解矿石的主要化学成分，在矿石不同部位、不同类型及围岩中取样 17 件做了光谱全分析，其元素含量见表 6-3。由表可以看出，矿石中主要金属元素有 Al （含量 3.0%~10.0%）、Fe （含量 2.0%~10.0%）、Cu （含量 0.007%~4.0%）。矿石中各金属元素中银和铁的含量与铜含量呈正相关关系，但未达可利用价值。

6.2.3 地球化学元素相关性分析

蒙育瓦铜矿床类型为斑岩–高硫型热液铜矿床。依据同类型铜矿床元素的组合及分布特征，结合本铜矿床地质实际，利用 2017 年蒙育瓦铜矿区佳墩塘区域原生晕化探成果资料，首先选定了 Cu、Pb、Zn、As、Ag、Sb、Sr 共 7 个元素的测试数据，按照主元素铜与其他元素的相关关系，从主元素与其他元素含量曲线对比入手（图 6-5），在此基础上对各元素相关性进行了统计分析（图 6-6），确定了区内 Cu–Pb–Zn–Ag–As–Sb 元素组合为异常元素组合。

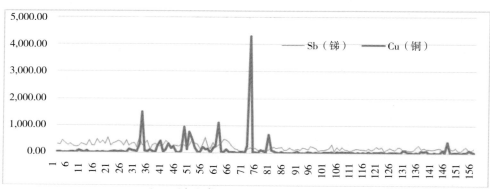

铜、锑异常值曲线相关性对比图

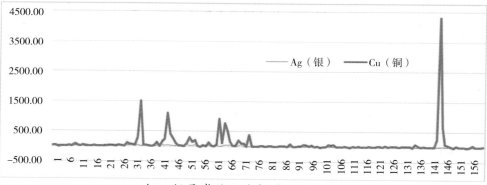

铜、银异常值曲线相关性对比图

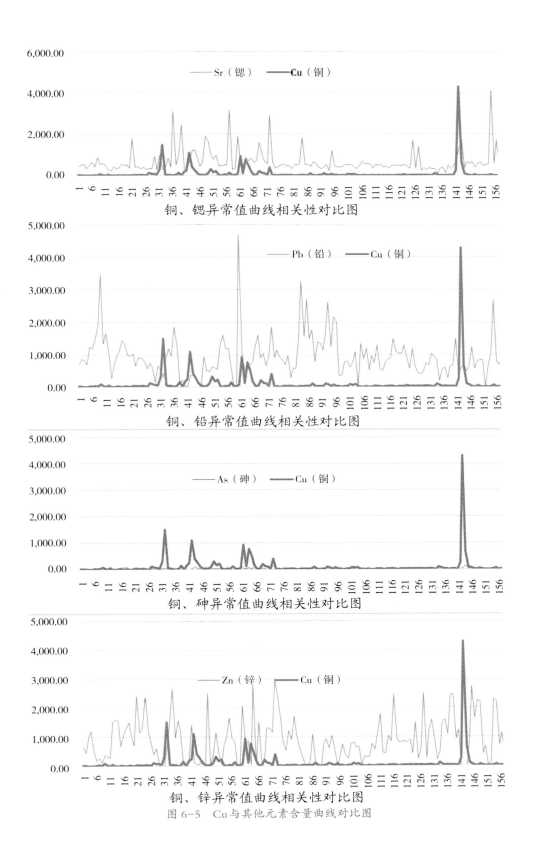

铜、锶异常值曲线相关性对比图

铜、铅异常值曲线相关性对比图

铜、砷异常值曲线相关性对比图

铜、锌异常值曲线相关性对比图

图 6-5 Cu 与其他元素含量曲线对比图

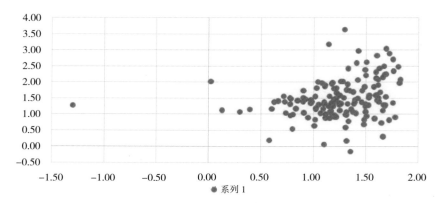

铜、银对数异常值散点图

$B = 0.34 >$ 为正相关；相关系数 $r = 0.22$，相关密切程度较低

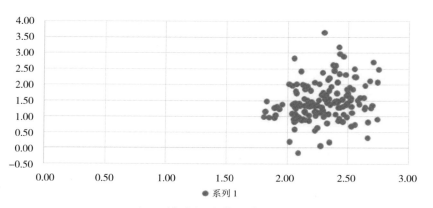

铜、锑对数异常值散点图

$B = 0.58 >$ 为正相关；相关系数 $r = 0.20$，相关密切程度较低

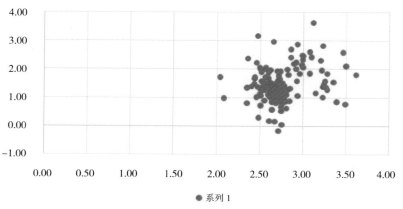

铜、锶对数异常值散点图

$B = 0.55 > 0$ 为正相关；相关系数 $r = 0.23$，相关密切程度较低

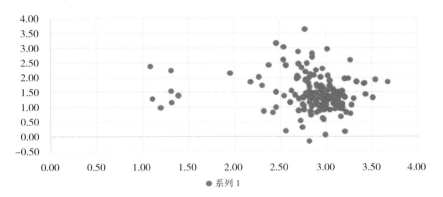

铜、铅对数异常值散点图

$B = -0.18 < 0$ 为负相关；相关系数 $r = 0.12$，相关密切程度较低

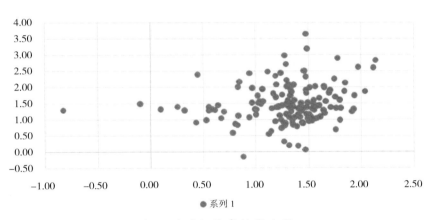

铜、砷对数异常值散点图

$B = -0.17 > 0$ 为正相关；相关系数 $r = 0.13$，相关密切程度较低

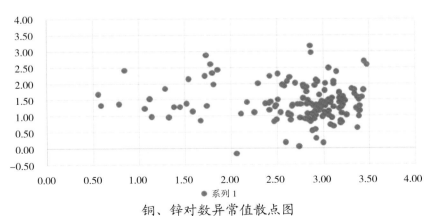

铜、锌对数异常值散点图

$B = -0.21 < 0$ 为正相关；相关系数 $r = 0.26$，相关密切程度较低

图 6-6　Cu 与其他元素散点对比图

根据已有岩矿石化学组成数据分析，各元素未见与铜含量呈明显的正相关关系。相对来说，银与铜的相关密切程度稍高。

需要说明的是，由于已有化探工作范围偏小，而且主要集中在无矿验证找矿区域，本地并未收集到主矿体区域化探勘查成果资料，各地球化学元素与成矿的相关性分析在今后的工作中还有待进一步论证。

6.2.4 地球化学异常特征及异常模型分析

蒙育瓦铜矿区佳墩塘区域无矿验证勘查工作阶段开展的原生晕化探工作成果显示，佳墩塘工作区内大致圈定了北部铜、银、锑、锌、铅、砷组合异常区、中部铅异常区，南部铜、锑、银、砷组合异常区及西部铅、锌、银、砷、锑组合异常区等4个异常区域。经过钻孔验证及综合地质分析，认为佳墩塘无矿验证阶段钻孔揭露的角闪黑云安山斑岩，与地表露头较为一致，为其主要岩石类型，并零星夹有呈灰白色弱蚀变（黄铁矿化）的安山斑岩分布；其特征很好地反映了该区的地球化学专属性，是造成区内铜、铅、锌、银、砷、锑异常元素组合零散，无明显规律性的斑岩型铜矿化元素分带，各异常的套合不完整，组合异常浓集中心不明显。经工程验证，异常区内未发现稍具工业规模的铜矿体。这与地质综合研究成果认为的"佳墩塘地区岩浆岩以晚期斑岩为主，局部分布少量蚀变安山斑岩，成矿条件较一般"的结论相符合。

由此也可以推断，对于成矿有利或潜力较大的部位，原生晕异常应该更加明显，且存在有一套异常元素组合（Cu、Pb、Zn、Ag、Sn、Sb）及其组分分带。这可作为后续勘查找矿靶区圈定的重要依据。

由于已有化探工作范围偏小，而且主要集中在无矿验证找矿区域，本地并未收集到主矿体区域化探勘查成果资料，地球化学异常特征及异常模型论证分析在今后还需进一步深入。

6.3 矿床遥感地质影像特征及模型

蒙育瓦矿区及周边矿集区矿产资源相当丰富，但是其地质调查与研究的工作研究程度较低，更有不少区域（特别是山区）还属于地质工作的空白区。遥感技术越来越多地应用到矿产资源勘查和资源评价，尤其是在提取地质构造信息和遥感蚀变异常信息方面具有优势，在强覆盖景观区地质找矿中发挥着越来越大的作用。在强覆盖景观区找矿中，采用遥感手段，可以快速有效地开展大区域尺度矿产资源勘查与成矿预测。

6.3.1 区域遥感影像特征

2015 年 4 月，独文惠等人根据中国地质调查局成都地调中心自 2002 年以来持续开展东南亚中南半岛地区的地质矿产研究成果发表研究报告——《基于 ETM+ 数据和 GIS 技术的缅甸铜金矿成矿预测》。该报告以缅甸铜金矿为例，利用 ETM+ 遥感图像，采用比值法、阈值分割和主成分分析（PCA）提取羟基蚀变信息；利用数字高程模型和遥感数据提取与铜金矿化有关的线环构造、矿化蚀变信息，结合地质资料和上述信息，利用证据权和分形方法进行整合，预测了缅甸的成矿远景区，其中就包含了本次研究工作的蒙育瓦矿区。

线环构造往往与导矿、成矿相关联，线环构造的解译为地质解译的重要组成部分。独文惠等人（2015）利用 ETM+ 数据和 DEM 数据对遥感影像进行预处理、DEM 镶嵌、裁剪后，提取山体阴影图。对遥感影像进行滤波、拉伸等增强处理，结合山体阴影图提取线环构造，形成了缅甸线环构造图（图 6-7），为后期成矿预测提供了基础数据。遥感影像解译研究成果还显示，蒙育瓦铜矿区北侧、北西侧均有线、环状构造，为矿区及外围地区找矿预测提供了有利的依据。

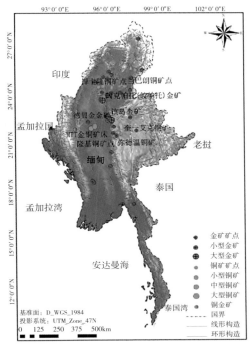

图 6-7 缅甸线环构造图（据独文惠等，2015）

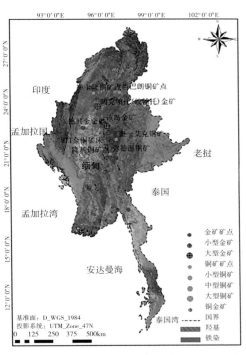

图 6-8 缅甸蚀变异常分布（据独文惠等，2015）

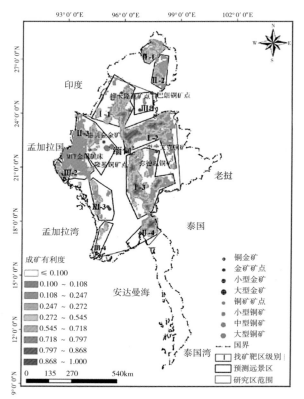

图 6-9　缅甸铜金矿遥感找矿远景区分布（据独文惠等，2015）

有线、环状构造，为矿区及外围地区找矿预测提供了有利的依据。

独文惠等人（2015）对 ETM+影像进行辐射校正、几何校正等预处理后，运用比值法消除水体（TM7/TM1）、盐碱地（TM4/TM3）、植被（TM5/TM4）等影响，用高端或低端切割的方法对去除云、阴影区、雪等信息的干扰。在将分景的蚀变成果图镶嵌、裁减后，得到缅甸蚀变成果图（图 6-8）。该研究成果显示，蒙育瓦铜矿区所在的中央凹陷带自南向北羟基与铁染的蚀变异常明显，区内分布不少大、中、小型铜矿床，也进一步验证了蚀变的异常可以为成矿预测提供有利证据。

独文惠等人（2015）通过对多源致矿信息进行综合分析，最终确定以有利地层、环形构造、线性构造、羟基铁染蚀变为证据图层，结合研究区成矿地质条件和矿产地分布特征，圈定找矿有利靶区 11 处，Ⅰ级有利靶区 3 处，Ⅱ级靶区 4 处，Ⅲ级靶区 4 处（图 6-9）。其中，预测的成果有利靶区Ⅱ-3 即为本次研究的蒙育瓦铜矿区。该成矿有利靶区主要位于实皆省、马圭省等，包括多个典型铜金金属矿：MTT 金铜矿床、甘尼金矿、七星塘铜矿（K 矿）、莱比塘铜矿

（L矿）、萨比塘铜矿（S矿）、萨欠洞铜矿等，分布较集中地层成矿较有利，南北向、北西向和东西向线性构造、环状构造发育，南北和北西向羟基、铁染蚀变异常较显著。已知矿床与成矿预测区的相符程度高，进一步验证了预测区的准确性，为研究区下一步找矿提供了基础数据与决策依据，具有重要的指导意义。

　　研究区位于缅甸中部盆地地体西侧，靠近缅甸西部新生代褶皱带与中部盆地地体衔接的地带，盆地两侧为近南北向断裂带，东部即为实皆断裂（图6-10）。西部边界断层线性特征不如实皆断裂清晰，呈模糊的色调异常带和分界面，沿带有多个火山锥呈串珠状分布。其中，蒙育瓦铜矿床即位于该火山岩带上。

图 6-10　缅甸中部盆地地体（局部）L8-OLI536 图像

　　如前所述，尽管蒙育瓦矿床所在区域有非常厚的沉积层覆盖，农田广袤，但是在近-中红外图像上，仍有较多的断裂、褶皱、环形构造等构造显现出来。研究区地势平坦，水网密布，其水系类型并不是平坦的松散沉积区常常形成的树枝状水系，而是显示为放射状水系、环状水系和轮辐状水系，显示其可能存在较多的已经被覆盖的火山机构、穹隆或侵入岩体。蒙育瓦铜矿遥感地质解译采用 15m 分辨率的 Landsat7ETM 数据和 Landsat8 的 OLI-TIRS 数据。因该矿床为地面露天开采，地表出露的岩石、矿物光谱信息受到较大的污染干扰。为获取准确的信息，遥感数据选取南部矿床开采前获取的 Landsat7ETM （2000—2001 年）冬季 1—2 月份数据，并结合 2019 年冬季的 Landsat8 的 OLI-TIRS 数据进行对比。各数据相关参数如表 6-4 所示。此外，在遥感影像解译时，利用分辨率为 30m 的 GDEM 数据制作三维景观，利用 Google Earth 提供的高分辨率图像作为辅助。

表 6-4　蒙育瓦铜矿遥感数据参数表

数据编号	卫星轨道-景号	成像日期	波段及分辨率（m）		
			波段	波长 μm	分辨率
LE71340452001 024SGS00	Landsat7 134-45	2001-01-24	1-蓝	0.45~0.52	30
			2-绿	0.52~0.60	30
LE71340442000 054SGS00	Landsat7 134-44	2000-02-23	3-红	0.63~0.69	30
			4-近红外	0.76~0.90	30
LE71330452000 047SGS00	Landsat7 133-45	2000-02-16	5-中红外	1.55~1.75	30
			6-热红外	10.40~12.50	60
			7-中红外	2.09~2.35	30
LE71330442000 047SGS00	Landsat7 133-44	2000-02-16	8-全色	0.52~0.90	15
LC81340452019 034LGN00	Landsat8 134-45	2019-02-06	1-气溶胶	0.43~0.45	30
			2-蓝	0.45~0.51	30
			3-绿	0.53~0.59	30
LC81340442019 034LGN00	Landsat8 134-44	2019-02-06	4-红	0.64~0.67	30
			5-近红外	0.85~0.88	30
LC81330452019 043LGN00	Landsat8 133-45	2019-02-12	6-SWIR1	1.57~1.65	30
			7-SWIR2	2.11~2.29	30
			8-全色	0.50~0.68	15
			9-Cirrus	1.36~1.38	30
LC81330442019 043LGN00	Landsat8 133-44	2019-02-12	10-TIRS1 热红外	10.60~11.19	100
			11-TIRS2 热红外	11.50~12.51	100

解译结果（图6-10、图6-11）显示，盆地内部最为清晰的线性构造为3条北西20°向延伸的北北西向断裂带，呈约60km的等间距产出，并控制了盆地内部主要河流的流向。这3条北西20°走向的主干断裂带之间发育有多条不同级别的次级平行断裂。该方位的断裂常被近南北向、近东西向的断裂带所错移。盆地内部还存在多条近东西向色调的分界面，显示出模糊的、可能埋藏较深的东西向断裂带，将盆地分割成多个次级地块单元。同时，不同单元内发育于地块边界断裂相切的环形构造，这种环块单元可能反映了深部不同的次级火山-岩浆单元。其中，蒙育瓦铜矿床所在的火山-岩浆单元如图6-11所示。

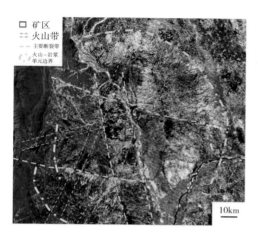

图6-11 蒙育瓦铜矿火山-岩浆单元L8-OLI536图像及解译图

与区域构造相似，蒙育瓦铜矿火山-岩浆单元内部北北西向、北北东向、近南北向和近东西向断裂非常发育，将所在区域分隔成多个次级单元，不同尺度的次级单元内部并发育不同规模的环形构造。沿钦敦江河谷发育的断裂带，将该火山-岩浆单元分为东、西两部分，蒙育瓦铜矿床即位于西侧单元。其中，沿北北东向断裂带北西侧分布有数个保存完好的火山锥。

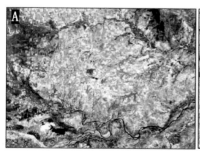
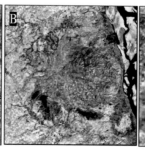
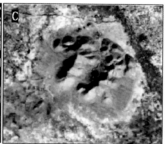

图6-12 典型环形构造遥感图像

A.轮辐状水系；B.放射状水系；C.环形穹丘

火山锥及周边地区发育放射状水系和环状水系组合成的轮辐状水系。在其他没有明显火山锥出露的地区，常发育具有轮辐状水系特征的环形构造（图6-12A）；七星塘矿区在开采前是一个圆形高地（图6-12B），多个小型丘陵聚集，在多光谱图像上显示出不同色调形成的环带。这些环形构造特征清晰，可能为已经被剥蚀夷平的较早喷溢的火山机构，或是隐伏的侵入岩体。目前，对环形构造进行的初步的解译，并据环形构造分布特征（图6-12），推测蒙育瓦铜矿床及周围地区发育三条火山带。

贯穿火山-岩浆单元的两条近南北向断裂带可能具有正断层性质。在地势地貌图上，两条断裂带之间的地势低洼拗陷，形成地堑构造，两侧地势抬高隆起，为地垒构造。蒙育瓦铜矿床发育于隆起区与拗陷区的衔接带上。在研究区周围发育有次级的北北西向断层，具有相似的特征，使局部地区抬升，形成断块山，如矿区西部的瓦津山一带（图6-13）。

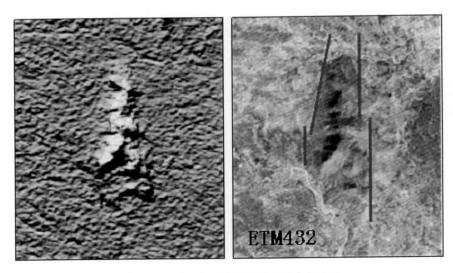

图6-13　瓦津山地势地貌图及遥感解译图

6.3.2　蒙育瓦矿集区的蚀变影像特征

根据野外地质踏勘及区域地质资料信息，该区的围岩蚀变主要是赤铁矿化（褐铁矿化）、黄铁矿化、明矾石化和高岭土化、绿泥石化和绢云母化等。据美国地质调查局USGS提供的矿物光谱数据（图6-14），分析其光谱特征后，进行了突出泥化蚀变的彩色合成和铁染蚀变的指数计算。

（1）铁染蚀变异常信息

赤铁矿在可见光-近红外波段反射率逐渐升高，具有特征反射峰和吸收谷，在对应于ETM1-4波段高吸收低反射，在短波红外波段ETM5和ETM7反射率极高。褐铁矿的波谱特征与赤铁矿类似，但反射率整体偏低（≤30%）。植被在ETM1和ETM2波段反射率略高于赤铁矿和褐铁矿，在ETM3波段低于赤铁矿，与褐铁矿相近；在ETM4波段植被反射率远高于赤铁矿和褐铁矿，在ETM5、ETM7波段植被的反射率与褐铁矿接近，远低于赤铁矿。黄铁矿反射率极低（<10%），光谱曲线趋于直线，没有特征性峰谷，且出露地表后往往氧化为褐铁矿。绿泥石在ETM1、ETM2波段为弱反射峰，在ETM3波段为弱吸收谷，在ETM5波段反射率高，ETM7从高的反射峰突变到吸收谷，平均反射率与ETM5相近。

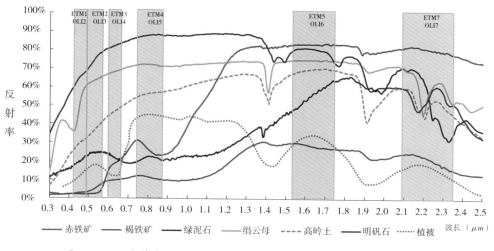

图6-14　缅甸蒙育瓦铜矿床主要蚀变矿物及植被光谱曲线（据USGS）

根据以上对主要蚀变矿物和植被覆盖光谱特征的分析，选取开采规模较小时期（2000—2001年）的Landsat7图像进行比值处理，得到ETM5/4和ETM3/1图像。将比值图像和ETM7波段图像进行彩色合成，生成ETM7-5/4-3/1图像。图像上显示黑色-酱红色背景上叠加有明亮的黄绿色异常斑块（图6-15）。这些色调异常斑块即为突出显示的铁染蚀变信息。

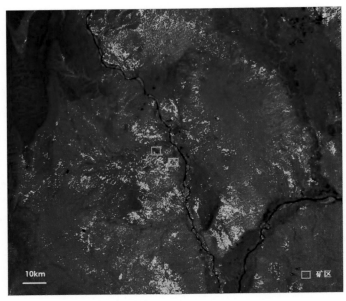

图 6-15　缅甸蒙育瓦火山-岩浆单元铁染蚀变异常信息分布图

蒙育瓦矿区已知矿床分布区的铁染蚀变信息强烈，面积大。特别是南部七星塘矿区（图 6-16 A），整个矿区为一圆形色调异常区域，该类型的图斑在 ETM457 上显示为蓝色-蓝绿色（图 6-16B）。目前，蚀变区已全部被露天开采移除和剥离（图 6-16 C）。

（2）泥化蚀变异常信息

绢云母和高岭土的光谱曲线相似，但绢云母的反射率整体较高，在 ETM1-3 波段呈斜肩形态，在 ETM5 波段反射率最高，在 ETM7 波段 2.2μm 附近出现较窄的吸收谷，平均反射率低于 ETM5 波段。如前所述，绿泥石的波谱特征更接近铁染蚀变。因而，可以代表泥化现象的蚀变矿物高岭土和绢云母在 ETM5 反射率最高，其次是 ETM4，在 ETM7 波段反射率低。据此进行 ETM4（R）+ETM5（G）+ ETM7（B）彩色合成，使合成图像上红光和绿光值高而蓝光值低的区域则是泥化蚀变强烈的地区。作为对比，对 Landsat8 OLI 数据进行 OLI5（R）+OLI3（G）+OLI6（B）彩色合成，突出蓝色，即蓝光值高的区域则可能明矾石化、高岭土化和铁染现象强烈，而绢云母化较弱。将 OLI536 与 OLI-pan8 波段进行分辨率融合，生成在 OLI536-8 图像，以提高解译的空间分辨率。

在 2001 年的 ETM457 图像上，环状的铁染蚀变带中心可见金黄-橘红色的浅色调异常区，如开采之前的七星塘矿区（图 6-16B）。北西部已经露天开采的矿山亦有此色调异常。在 OLI536-8 图像上，该类型图斑显示为靛蓝色。

（3）具有相似蚀变异常特征的区域

①南北矿区之间的异常区

南北矿区之间发育一个规模与南部七星塘矿区环形构造规模相近的环形构造（图6-17A区）。环形体内部的铁染蚀变较发育，一条北西向断裂带在环体西南与之交叠，泥化蚀变在北西向断裂带内也有零星发育（图6-18）。

②博温山南部异常区

在博温山的南部铁染蚀变和泥化蚀变沿着一条近东西向断裂带分布（图6-19B区，图6-20），泥化发育于北侧，靠近博温山，铁染发育于南侧。

③瓦津山—心形山异常区

已知矿区北部瓦津山—心形山一带铁染蚀变发育，并且呈多层次的环带状（图6-20）。在瓦津山南部泥化现象发育（图6-21），但铁染蚀变不发育。该区域在ETM457图像上显示为橘黄色，在OLI536-8图像上显示为靛蓝色，说明是明矾石化和高岭土化发育，绢云母化不发育。该蚀变异常受北西向断裂控制明显。

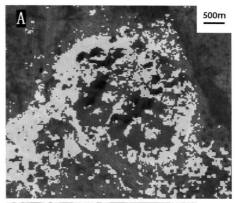

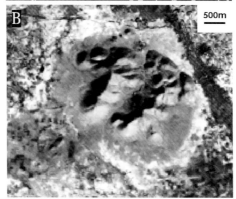

图6-16 蒙育瓦七星塘矿床遥感图像

A.铁染蚀变图 B.泥化蚀变图 C.开采现状图

在南部B区发育一个北东走向的小型丘陵。在ETM457图像上整个山体呈金黄色，显示泥化蚀变强烈，外圈是较强的铁染蚀变（图6-21）。这与七星塘矿区的相似度最高，是有利的成矿远景区。

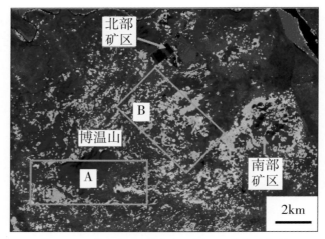

图 6-17　蒙育瓦—七星塘—博温山铁染蚀变图

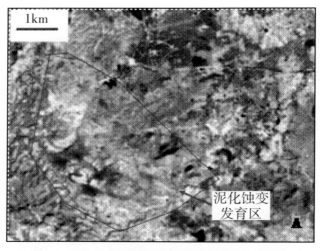

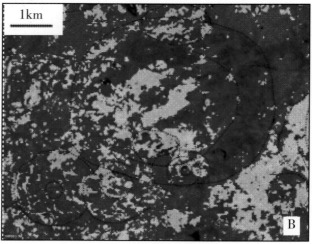

图 6-18　南北矿区之间地区泥化蚀变（A）及铁染蚀变（B）图

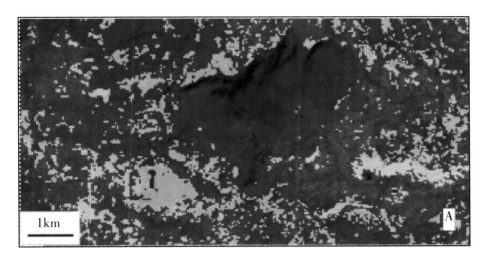

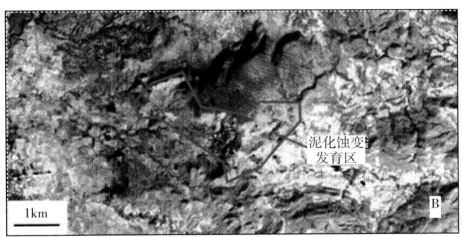

泥化蚀变
发育区

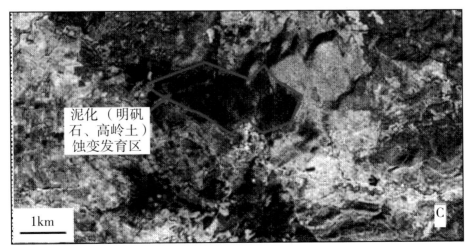

泥化（明矾
石、高岭土）
蚀变发育区

图 6-19 博温山南部地区泥化蚀变（A）及铁染蚀变（B、C）图

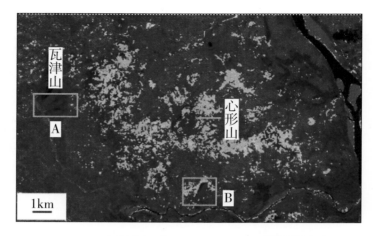

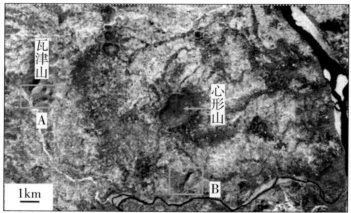

图6-20　瓦津山—心形山地区蚀变分布图

上：铁染蚀变　下：泥化蚀变

图6-21　瓦津山泥化蚀变分布图

左：ETM457，红色箭头指向泥化蚀变；右：OLI536-8图像，靛蓝色显示明矾石化和高岭土

第七章

成矿模型及找矿预测

蒙育瓦铜矿区包括七星塘（K矿；Kyisintaung）、萨比塘（S矿；Sabetaung）和南萨比塘（Ss矿；Sabetaung South）、莱比塘（L矿；Letpadaung）四个铜矿床（段），是一个超大型斑岩–高硫化热液型矿床。该矿区处在蒙育瓦盆地内，北西侧紧邻雅玛河水域，地势平坦，大部分地段上部基本被第四系冲洪积层覆盖。加之已知矿床（体）的顶部部分普遍遭受了强弱不等的风化淋滤和次生富集作用，致使对其成因机制和成矿规律认识，以及深部及周边邻区的找矿勘查方向一直不明。为此，本次在深入梳理区内已知矿床地质特征及成矿地质条件的基础上，查明主要控矿要素，建立成矿模型，总结成矿规律，并充分利用已有物探、化探、遥感及矿化信息，进行矿床深部及周边地区的找矿预测，以期为后续勘查及矿山规划建设提供依据。

7.1 控矿要素

蒙育瓦铜矿区已知的矿化类型主要有三种类型，即①火山热液角砾岩筒（墙）型矿体，主要呈管状、筒状分布于岩枝及主干断裂（破碎带）与其旁侧；②安山斑岩（–闪长斑岩）型矿体，呈细脉–浸染状传出，属区内典型的矿化类型，构成了本矿床的主体部分；③石英–硫化物脉型矿体，主要分布于断裂（破碎带）及其旁侧的裂隙系统，受次级断裂及分支裂隙系统控制，形成树枝状、网脉状分叉矿脉。虽然这三类矿体的熔矿岩石有差异，但其矿石特征具有明显的一致性。矿石中金属矿物主要有黄铁矿、辉铜矿、铜蓝、蓝辉铜矿、硫砷铜矿及少量的黄铜矿、斑铜矿、磁黄铁矿、黝铜矿、褐铁矿、赤铁矿和极少量的闪锌矿、锐钛矿等。脉石矿物主要为长石、石英、绢云母、绿泥石、绿帘石、叶蜡石、明矾石、高岭石，以及其他黏土矿物等。矿石结构主要有它形粒状、交代、鳞片粒状变晶、变余斑状及残余结构等，具细脉状、网脉状、浸染状、星点状、次块状、角砾状及斑杂状构造等。矿体局部富集Au、Co、Mo、Pb、Zn等。

　　经综合对比分析，蒙育瓦铜矿床是一个受中新世中性岩浆杂岩控制的斑岩-高硫化热液型矿床（图7-1），其主要控矿要素有岩浆作用（中新世闪长斑岩侵入岩及伴生隐爆角砾岩筒）、地层岩性（中新世安山岩夹火山碎屑岩、碎屑岩及下伏岩石）和构造（中新世区域挤压背景有关的逆冲走滑断层及伴生裂隙系统）及其组合关系。

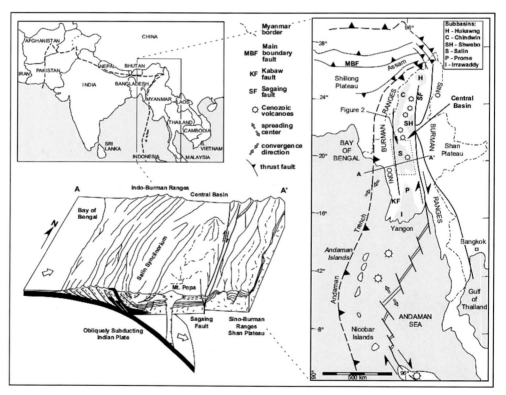

Figure 1—Tectonic map of Myanmar, with the inset showing the greater Himalayan region (Himalayan suture shown as heavy dashed line, modified from Stoneley, 1974), and a schematic block diagram of central Myanmar. Dashed polygon in Central basin is Salin subbasin, shown in Figure 2. Other subbasins of Central basin are shaded. Modified from Curray et al. (1979), Bender (1983), and S. Serra (1996, personal communication).

图7-1　缅甸西部构造简图（据Pivnik et al., 1998）

7.1.1 中新世岩浆岩控矿

蒙育瓦铜矿区安山斑岩被认为是发育在缅甸西部大陆岩石圈上发育的白垩纪洋陆俯冲岩浆弧建造的组成部分，主要发育玄武安山斑岩、安山斑岩、英安斑岩及流纹岩等偏中酸性岩石。因而，区内发育多期次的岩浆岩，主要有：①晚白垩世枕状玄武岩及花岗闪长岩与辉长（绿）岩侵入体。此套岩系构成基底岩系，只在火山岩或侵入岩的捕虏体中偶见。②新近纪中新世的一套闪长斑岩–安山岩–火山碎屑岩组合，这套岩石分别构成矿区主要的成矿岩石和赋矿围岩。③黑云角闪安山斑岩，不含矿，目前初步认为其是成矿后期形成的。

区内的中新世岩浆岩的岩石主微量元素、S、Pb同位素组成特征显示，其成矿作用主要受到印度–欧亚大陆后碰撞阶段陆块俯冲过程中的岩浆活动控制，其成矿物质主要来源于俯冲陆壳与地幔物质的混合及其熔浆分异作用。这套含矿岩石是一种高 SiO_2（$> 56\%$）、高 Al_2O_3（$> 15\%$）、富 Sr（$> 400 \times 10^{-6}$）、低 Y（$< 16 \times 10^{-6}$）的埃达克质属性岩石，而明显有别于弧岩浆岩。

7.1.2 地层岩性控矿

矿区发育地层主要是渐新统达马帕拉组砂岩、中新统—上新统马吉岗组火山碎屑岩、砂岩、粉砂岩，更新统坎岗组砂砾石、砂岩、粉砂岩、泥质粉砂岩及全新统冲洪积层。其中，达马帕拉组砂岩只在部分钻孔的底部出现，马吉岗组火山碎屑岩、砂岩、粉砂岩为矿区的主要赋矿围岩之一。

7.1.3 构造控矿

蒙育瓦铜矿区位于缅甸西部中央沉降带内望梭—帕拉（Wuntho-Popa）岩浆弧东侧的背斜隆起带，是巽他—安达曼（Sunda-Andaman）岩浆弧的北延部分。本矿区所处的特殊构造位置导致其褶皱、断裂发育。以走向北北东向或近南北向的断裂为主，断面倾向东，大多陡倾，次为近东西向断裂。而褶皱以近南北走向复式向斜为主。区内与成矿关系密切的新近纪中新世闪长斑岩及安山质火山（碎屑）岩多沿该方向断裂展布。由于区内断裂的长期活动，在断裂带之间及附近可派生不同力学性质、不同方向、不同规模的次级断裂及裂隙系统。其中，近南北向的右旋逆冲走滑断裂带之间派生北东向的张性次级裂隙系统，它们共同构成主要的控岩控矿构造，铜矿化及蚀变均严格受到这些断裂裂隙系统的控制，也是区内铜矿化的显著特点。

矿区受东西向应力挤压，产生枢纽走向为南北向的背斜褶皱；两组北东向和北西向共轭断裂，也是受该应力的挤压而形成的，该断裂将走向为南北向主断裂（深大断裂）错断。而工作区内近东西向的构造破碎带为更次一级的断裂带，也是主要的储矿构造。多层次、多期次交错发育的断裂，形成了良好的成矿条件，岩浆活动是多期次的，伴随着成矿热液沿着主断裂（南北向深大断裂）和次一级断裂（北东向和北西向断裂）往上运移，在与东西向断裂交汇处形成铜金矿床。由此可见，矿区主（南北向断裂）、次（北东和北西向断裂）为主要的导矿构造，更次（东西向）级断裂为储矿构造与容矿构造。

7.2　成矿模式

7.2.1　地质背景

Richards 2009年提出了俯冲、碰撞、拆沉、俯冲后伸展（后碰撞）过程及其背景下的岩浆活动和成矿作用（图7-2）。后碰撞环境中的岩浆活动主要是由于岩石圈加厚、重新被加热、岩石圈地幔减薄或是岩石圈伸张作用所造成。伸展作用造成之前俯冲交代的软流圈上涌或岩石圈减薄从而发生部分熔融，形成基性碱性岩浆。岩石圈尺度的伸展会形成岩浆上涌的通道，从而使得岩浆快速上升到地表且不发生明显的地壳混染作用。碰撞加厚以及下地壳岩石圈地幔的减薄，使得下地壳岩石被加热而发生部分熔融，形成较为酸性的岩浆，以及具有陆壳岩石的同位素组成。早期弧岩浆组成的下地壳源区中残余角闪石/或石榴石可能是造成岩浆高Sr/Y和La/Yb的原因。由于岩浆源区都是先前受俯冲作用交代改造的岩石圈和软流圈地幔物质，因此，后碰撞背景下的岩浆岩与俯冲背景下的弧岩浆具有很多相似的岩石地球化学以及同位素特征。如此，后碰撞背景下的岩浆活动可以看作是受俯冲改造的岩石圈发生二次部分熔融的产物，此次岩浆活动可以使俯冲阶段板片流体或熔体带入的金属元素和其他元素发生二次活化。

蒙育瓦超大型铜矿床产于特提斯成矿域南段的缅甸斑岩型铜矿床成矿带内，发育在印度板块向欧亚板块碰撞造山带的后碰撞阶段（图 7-3）。蒙育瓦及周边铜矿带分布在缅甸中部密支那—实皆断裂以西的印缅白垩纪岛弧及弧后盆地内，发育有弧间的宾来布—卑谬断裂。该区大部分为始新世—上新世弧后盆地堆积的以粗碎屑为主的巨厚磨拉石建造。中新世—上新世以后，随着陆陆碰撞形成中、印、缅边境新生代造山带最前缘的磨拉石推覆体，并为一系列强大的脆-韧性剪切断裂切割。特提斯洋的消亡和洋壳俯冲，以及之后的印度板块向欧亚板块碰撞，造成了活动大陆边缘之下发生大规模的岩石圈地幔活化、地幔楔部分熔融，导致来自深部的幔源金属和其他成矿元素如S、Cl、H_2O等富集并储备于镁铁质熔体中。在后碰撞阶段，由于造山带的垮塌、板片断离或岩石圈地幔的拆沉等作用，新生下地壳发生广泛的重熔，活化了下地壳深部镁铁质侵入岩中大量的成矿元素，形成了大规模的岩浆-热液成矿作用（Richards, 2009; Hou et al., 2017; Wang et al., 2017, 2018; Zheng et al., 2019；王瑞等，2020）。而目前区内三种矿化类型的空间分带性，正体现了其同期岩浆活动阶段的构造控制特色。

7.2.2 成矿物质来源

全球大部分斑岩型矿床通过硫化物S同位素、流体H-O同位素，以及岩石Pb同位素研究得出，成矿物质主要来源于岩浆，起源于幔源区，在部分矿床中围岩也有一定的贡献。而蒙育瓦矿区岩石主、微量元素，S、Pb同位素特征也显示，其成矿物质主要来源于地幔和上地壳物质的混合及岩浆分异作用，成矿作用主要受到大陆碰撞后板块俯冲造山过程中的岩浆活动控制。

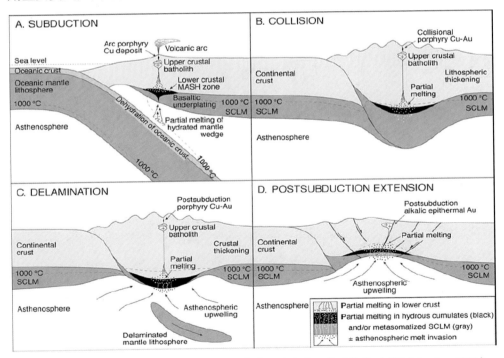

图7-2　俯冲、碰撞、拆沉、俯冲后伸展背景下的岩浆-成矿作用（据Richards，2009）
A.俯冲过程；B.碰撞过程；C.拆沉过程；D.俯冲后伸展过程

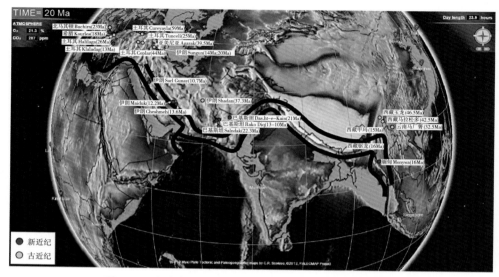

图 7-3　后碰撞斑岩矿床系统分布（据王瑞等人，2020）

7.2.3　成矿流体特征

已有研究表明，斑岩型矿床的成矿流体由岩浆分异出的携带金属元素的高氧化初始流体演化而来，一般为中温（200~450℃）、低-高盐度（W NaCl 为 3%~55%）流体，与 Cu-Mo 相关成矿流体温度会偏高，而与 Cu-Au 相关成矿流体成矿温度则偏低（叶天竺等人，2017）。成矿流体在后期演化过程中，随着温度的自然冷却、大气降水混合、压力下降（或流体沸腾）、围岩蚀变等过程，降低了成矿物质在流体中的溶解度，从而发生金属矿物的沉淀（Ulrich et al.,2002; Sillitoe, 2010）。本次对研究区流体包裹体岩相学和测温结果表明，区内铜矿床的成矿流体显示出中温、高盐度的特征，与典型斑岩型 Cu 矿床的成矿流体极为相似。因此，区内与 Cu 成矿的流体应该来源于岩浆分异流体的演化，在后期流体发生二次沸腾以及围岩蚀变等作用下导致了矿石矿物的沉淀。值得指出的是，研究区成矿流体成分上与国内碰撞型斑岩型矿床有一定的差异，建议做进一步的研究，以明确产生差异的原因，以及通过矿区不同部位发育流体包裹体岩相学及成分上的差异指导深部隐伏及外围矿区的找矿工作。

7.2.4　矿化-蚀变分带特征

蒙育瓦矿区的围岩蚀变并不像典型的斑岩型矿床的蚀变分带现象（图 1-3）那么明显。蒙育瓦矿区钾化带不发育，或局部可见与石英-绢云母化叠加。而后者在区内广泛发育，矿物组合表现为石英-黄铁矿（以及少量绢云母），局部可见明矾石。明矾石的出现普遍也伴随着含铜矿物，是区域内寻找铜矿的标志。明矾石化在莱比塘和七星塘尤为突出，萨比塘和南萨比塘稍弱。青磐岩化带在矿区内仅局部发育，从钻孔样品中可见部分石英–绿泥石–绿帘石–硫化物等矿物组合。矿区内泥化现象也较为发育，岩石中的矿物基本上蚀变为高岭土以及碳酸盐矿物，局部可见高岭土成脉体出现，但高岭土化区域矿化很弱。

7.2.5 成矿时代

对蒙育瓦矿区进行年代学研究中，最早的数据来自于对七星塘安山岩斑岩的K/Ar年龄测试，结果为5.8Ma。但是，Chen SL（2009）对萨比塘南部侵入矿山火山碎屑岩中的英安岩脉获得了U–Pb锆石年龄定年为13.5Ma，也就是侵入时间中新世。K Win和DJ Kirwin（1998）也报道了七星塘和莱比塘及莱比塘绢云母K/Ar年龄分别为13 Ma和19 Ma。因此，如果测试绢云母的13Ma代表了蚀变年龄，则与英安岩脉侵入的13.5Ma年龄时间接近。由此可知，蒙育瓦成岩成矿时代大致为13—15Ma。

7.2.6 成矿作用及成因模式

根据主要容矿地层及含矿斑岩体的时代，蒙育瓦超大型铜矿床的主要成矿时期为中晚中新世，其成岩成矿物质主要源于壳幔混合岩浆作用过程。这与藏南冈底斯斑岩成矿带一系列的晚新生代大型–超大型斑岩型矿床较为一致。因而，其成矿模式（图7-4）可大体总结归纳为：在15—20Ma左右，平移的实皆—卑谬断裂西侧的岩石圈伸展引发了大规模的幔源岩浆作用，来自深部的岩浆沿着断裂带上侵，并混染了大量的地壳物质，形成了幕次式发育的蒙育瓦安山斑岩及与铜矿有关的安山斑岩（–闪长斑岩）。进而可以推断，矿床的形成大致为两个阶段：

（1）在近南北向断裂带及其伴生的北东东向断裂裂隙中，铜矿质沿着断裂深处上地幔喷涌而上，在地表陆相或海相喷出（以陆相喷发为主）安山岩并在安山岩喷发的间隙、其层间形成初始状态矿浆贯入，或火山熔质分异并产生火山自蚀变作用下的脉状、似层状或透镜体状的块状硫化物铜矿床。此早期所形成的块状硫化物铜矿床，矿石铜品位一般在1.8%~3.0%之间。

（2）稍后期的安山斑岩（–闪长斑岩）的侵入，为早期形成的矿体提供热量，并使早期矿体重新富集。富含金属成矿元素的岩浆流体进入到已经固结的安山斑岩（–闪长斑岩）以及周围的火山碎屑岩甚至砂岩岩层中，便形成了安山斑岩（–闪长斑岩）体内的细脉浸染状矿化，隐爆角砾岩筒及周围的火山热液角砾岩型矿化，以及断裂裂隙带中的脉状石英–硫化物矿化。此阶段形成的富矿体原生矿石铜品位最高达 30%，最低铜矿石品位也有 10% 以上。

需要强调的是，从以往斑岩型矿床的研究以及对本研究区岩芯和流体包裹体观察都显示，蒙育瓦矿区的斑岩成矿作用具有多幕次式矿化的成矿特点。弥漫性矿化–蚀变和脉控蚀变–成矿是通过相对平静和相对活动的断裂构造幕次式活动控制和调节而发生的。所以，本矿床在岩石蚀变和矿石沉淀上，都具有多幕次叠加成矿的特点。这也进一步印证，由近南北向逆冲走滑断裂及其间派生的次级北东向张性扩容断裂组成的断裂裂隙带控矿是基本的成岩成矿条件。

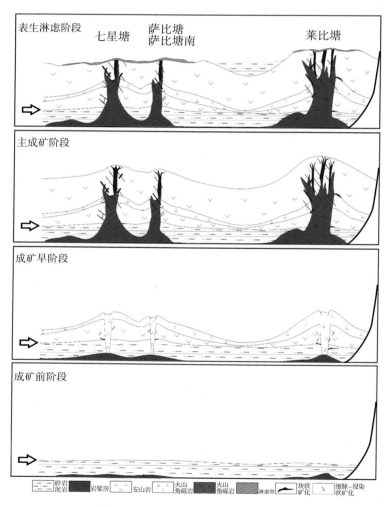

图 7-4　蒙育瓦斑岩–高硫化热液型铜矿床成矿模式图

a.成矿初始阶段：处于弧后盆地的蒙育瓦地区在始新世—上新世堆积的以粗碎屑为主的巨厚磨拉石建造，随着碰撞形成中、印、缅边境新生代造山带最前缘的磨拉石推覆体，并被一系列脆-韧性剪切断裂切割。b.成矿早期阶段：早期携带了金属元素的中性-基性岩浆在近南北向断裂带喷发，并开始了早阶段金属元素的富集。c.主成矿期阶段：安山斑岩（-闪长斑岩）的侵入，为早期形成的矿体提供热量，并使早期矿体重新富集。富含金属成矿元素的岩浆流体进入到已经固结的安山斑岩（-闪长斑岩）以及周围的火山碎屑岩甚至砂岩岩层中，便形成了安山斑岩（-闪长斑岩）体内的细脉浸染状矿化，隐爆角砾岩筒及周围的火山热液角砾岩型矿化，以及断裂裂隙带中的脉状石英-硫化物矿化。该阶段岩浆热液成矿作用表现出多幕次式矿化特点。d.表生淋滤阶段：大气降水为主参与的表生淋滤作用致使出露地表的矿体部分流失和重新聚集，形成表生淋滤矿床。

7.3　综合信息找矿预测及靶区圈定

7.3.1　勘查模型及找矿标志

蒙育瓦超大型铜矿床是一个斑岩-高硫化热液型铜矿床，其发育与中基性-酸性浅成或超浅成侵入体密切有关。根据蒙育瓦铜矿床控矿要素及成矿模式的认识，结合已有地质、地球物理及地球化学勘查和遥感影像解译资料，以及近年来矿山的找矿勘查实践经验，可以初步建立其找矿勘查模型（表7-1）。

表 7-1　蒙育瓦斑岩-高硫化热液型铜矿床的找矿勘查模型

	勘查要素	找矿标志或勘查信息
成矿地质条件	构造背景	新近纪印度-欧亚大陆后碰撞陆内伸展有关缅西中央凹陷带火山岩（杂岩）盆地环境
	岩浆岩	中新世玄武岩、安山岩、英安岩、流纹质岩及伴生同末侵入岩（闪长斑岩、安山斑岩）及火山热液角砾岩等
	构造变形	近南北向及近东西向张扭性断裂控岩，其次级断层破碎带及节理裂隙带控流控矿
	地层岩性	新生界砂岩、粉砂岩、火山岩及火山碎屑岩
	围岩蚀变	硅化、明矾石化、黄铁矿化、绢云母化等蚀变与铜矿化关系密切，黄铁绢英岩带及泥化带含矿，青磐岩化带不含或含矿少
	赋矿部位	成矿期闪长斑岩、安山斑岩、火山热液角砾岩及紧邻岩体的砂岩及火山碎屑岩围岩
	矿石矿物	辉铜矿为主，次为铜蓝、蓝辉铜矿、硫砷铜矿和少量黄铜矿及斑铜矿
地球物理	EH4 电磁测深	中深部陡倾的呈带状或囊状体产出的低电阻率异常（电阻率值通常小于 $50\Omega \cdot m$）的侵入体，大多被证实与铜矿化有关

勘查要素		找矿标志或勘查信息
地球化学	土壤地球化学	Cu、Pb、Zn、Ag、As、Sb元素异常，呈似带状，无明显的元素异常套合及异常元素空间分带
	岩石地球化学	Al、Fe、Pb、Ag的含量与Cu含量呈正相关关系
遥感影像	岩性信息	安山斑岩等岩株、岩枝及岩墙状侵入体
	构造信息	线、环状构造发育的交汇部位
	蚀变信息	羟基（泥化）与铁染（褐铁矿－赤铁矿化）的蚀变异常
矿化露头	蚀变及矿（化）体	蚀变点或矿（化）点及有关露头
	铁帽	铁帽或淋滤带
	老硐等采矿遗迹	老硐及采矿遗迹等

为此，可总结出该矿床的以下主要找矿标志：

（1）蒙育瓦铜矿床是一个斑岩－高硫化热液型铜矿床，其发育与中基性－酸性浅成或超浅成侵入体密切有关。

（2）黄铁绢英岩化带、泥化带、青磐岩化带等由内向外的蚀变分带，是寻找蒙育瓦式斑岩型铜矿床的可靠标志。

（3）该矿床产于大陆碰撞挤压背景，成矿受控于区域性断裂的深刻影响，有关的伴生断裂是岩体活动的重要通道，次级断裂为主要的控矿、赋矿构造。因而，矿区内形成的近东北向或北北东向构造破碎带，是寻找该类型矿床不可缺少的标志。

（4）陡倾的隐伏岩体低电阻率值异常，是寻找斑岩型铜矿床的地球物理间接标志。

（5）Cu、Pb、Zn、Ag、As、Sb等元素异常是寻找该类型矿床的主要标志。

（6）遥感解译有岩浆岩分布、线环状构造发育、羟基与铁染的蚀变异常等组合特点，是寻找该类型矿床的主要标志。

（7）地表因氧化形成的褐铁矿化、赤铁矿化（淋滤帽），这是寻找该类斑岩－高硫化热液型铜矿床的直接标志。

7.3.2　找矿预测

7.3.2.1　蒙育瓦矿区深边部找矿预测靶区

从本次研究结果，结合前人工作成果，蒙育瓦铜矿床可划归为斑岩－高硫化热液型铜矿床类型，其控矿要素及成矿规律已较为明确，深部应该还存在一定规模的闪长斑岩岩株及伴生的规模型斑岩型铜矿床（体）。当前，蒙育瓦铜矿区的K、S、Ss及L矿床均已进行了规模不一的露天开采，已揭露的铜矿（化）体仍主要产于地表淋滤矿化带、火山热液角砾岩及安山斑岩浅部接触带的安山岩、火山碎屑岩及砂岩内，大多以规模不一的大脉及（网）脉状产出，矿化富集定位的构造控制特点突出，仅局部伴生少量的金、银矿化。因而，矿区深边部的勘查找矿工作，应该关注各矿床的斑岩体（岩脉、岩枝）浅部、外接触带及周围围岩地层中的断层裂隙系统的探查。并以控岩控矿构造带为引导，利用多方法联合的综合勘查技术，探寻隐伏的闪长斑岩体（岩脉、岩枝、岩株）及斑岩型矿化富集带，以期取得深部找矿新突破。

　　据此，根据蒙育瓦铜矿床控矿要素及成矿模式认识和确定的找矿准则，结合已有地质、地球物理及地球化学勘查和遥感影像解译资料，提出以下7个主要的矿区深边部的找矿预测靶区（图7-5），主要预测依据见表7-2。其中，A级靶区4个、B级靶区3个，尤其是矿区深部具有极大的隐伏斑岩型矿床找矿潜力。

　　（1）I-0靶区：位于已知矿床的深部延伸区，属A级靶区。

　　（2）I-1靶区：位于紧邻L矿的南南西侧及延伸地带，属A级靶区。

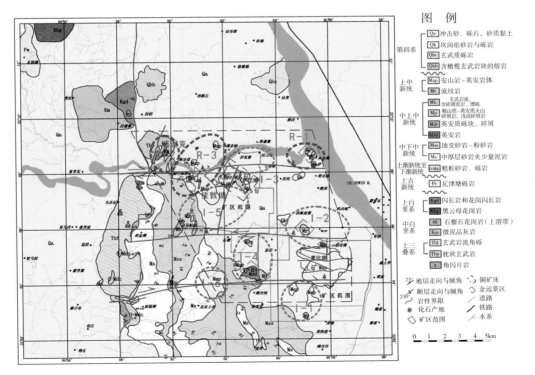

图7-5　蒙育瓦铜矿床深边部及外围地区找矿预测靶（远景）区分布图

163

表 7-2　蒙育瓦铜矿床深边部及外围地区找矿预测靶（远景）区简表

类型	预测区名称	预 测 依 据	等级
矿区深边部找矿靶区	I-0 靶区	已知斑岩－高硫化热液型矿区的深部，已揭露斑岩型矿化及蚀变，物探显示存在隐伏岩体	A级
	I-1 靶区	已知斑岩－高硫化热液型矿区的延伸部位，已局部出露安山质－英安质岩体，存在近东西向断裂及伴生次级断层，处在铁染及泥化蚀变影像异常区	A级
	I-2 靶区	已知斑岩－高硫化热液型矿区的延伸部位，已局部出露流纹岩，存在近东西向断裂及伴生次级断层，处在铁染及泥化蚀变影像异常区	A级
	I-3 靶区	已知斑岩－高硫化热液型矿区的延伸部位，物探显示存在隐伏岩体，存在近东西向断裂及伴生次级断层，处在铁染及泥化蚀变影像异常区	A级
	I-4 靶区	已大片出露安山质－英安质岩体，存在近南北向断裂及伴生次级断层，处在铁染及泥化蚀变影像异常区	B级
	I-5 靶区	已知斑岩－高硫化热液型矿区的延伸部位，已局部出露安山质－英安质岩体，处在近南北向、近东西向断裂夹持区，大量发育次级断层，处在铁染及泥化蚀变影像异常区	B级
	I-6 靶区	已大片出露安山质－英安质岩体，存在近东西向断裂及伴生次级断层，处在铁染及泥化蚀变影像异常区	B级
外围找矿远景区	R-1 远景区	已发育斑岩－高硫化热液型 Cu-Ag 矿化，大片出露安山质－英安质岩体，存在近东西向断裂及伴生次级断层，处在铁染及泥化蚀变影像异常区	B级
	R-2 远景区	已发育斑岩－高硫化热液型 Cu-Ag 矿化，局部出露安山质－英安质岩体，存在近东西向断裂及伴生次级断层，具高岭石化和明矾石化蚀变，处在铁染及泥化蚀变影像异常区。20 世纪 60 年代缅因克山南东侧 3 个浅揭露到黄铁矿化及低品位铜矿化体	B级
	R-3 远景区	已局部出露安山质－英安质岩体，存在近东西向断裂及伴生次级断层，见高岭石化、明矾石化，普遍见褐铁矿化网脉，处在铁染及泥化蚀变影像异常区	C级
	R-4 远景区	尚未见安山质－英安质岩体出露，砂砾岩发育节理裂隙带，普遍见褐铁矿化网脉，局部可见高岭石化、明矾石化，处在铁染及泥化蚀变影像异常区，影像特征与蒙育瓦矿区较为相似	C级

（3）I-2 靶区：位于紧邻 L 矿的北侧及延伸地带，属 A 级靶区。

（4）I-3 靶区：位于紧邻 K-S-Ss 矿的北侧及延伸地带，属 A 级靶区。

（5）I-4 靶区：位于塘七—彭家一带，属 B 级靶区。

（6）I-5 靶区：位于紧邻 K-S-Ss 矿的南侧—佳敦塘东—拉马帕拉一带，属 B 级靶区。

（7）I-6 靶区：位于克依士宾北侧地带，属 B 级靶区。

7.3.2.2 矿区外围地区找矿远景区

根据蒙育瓦铜矿床控矿要素及成矿模式认识和确定的找矿准则，结合区域已有地质及遥感解译资料，提出以下4个主要的矿区外围地区的找矿预测远景区（图7-6），主要预测依据见表7-2。其中，B级远景区2个、C级远景区2个。对于矿区外围找矿远景区，应主要关注安山质-英安质火山岩发育的脉岩出露区域，并以断裂构造、围岩蚀变及地表氧化露头或铁帽作为引导性标志，有序进行勘查找矿工作部署。

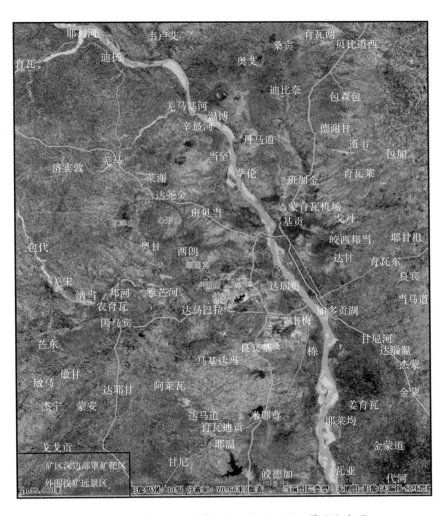

图7-6　蒙育瓦铜矿床外围地区找矿预测远景区分布图

（1）R-1远景区：位于库尔梅一带，属B级远景区。

（2）R-2远景区：位于缅因克及其东南侧的雅玛河两岸一带，属B级远景区。

（3）R-3远景区：位于雅玛河两岸的卢士山—姆亚益—谭多驿，属C级远景区。

（4）R-4远景区：位于瓦津山—心形山—达尧金一带，属C级远景区。

7.4　存在问题及工作建议

7.4.1　存在问题

（1）本次虽开展了大量的矿产勘查评价和初步的综合研究，但本矿床涉及地层层序划分及时代厘定、成矿岩浆岩的演化序列及时代仍不明晰，对矿化-蚀变的时空分带特征及变化性的认识仍较为薄弱，在指导找矿勘查工作部署的针对性和有效性上仍存一定的偏差。

（2）本矿床属于同岩浆构造控制的岩浆-热液成矿系统，其成岩成矿作用具有很大的独特性和复杂性，成矿相关岩石的岩性、蚀变及矿化特征复杂多变，也存在古火山机构控矿的因素。由于本次研究的时间较为局促，诸多详细的地质关系识别及地质作用记录示踪尚较为缺乏。

（3）受到2019年底以来持续的全球新冠疫情的严重影响，本次研究样品采集的数量、质量均受到较大影响。主要表现在样品数量不足、代表性和系统性不够，导致后续综合观测和分析测试数据不完整，甚至部分数据的可靠性仍存在疑问，更影响了对岩浆岩演化、成矿流体演化及成矿作用过程的深入理解和认识，限制了对控矿因素和成矿规律的系统总结。

7.4.2　后续工作建议

建议在后续工作中，应尽快加强以下专项及综合调查研究工作。

（1）蒙育瓦矿区及周边地区的基础地质工作成效较低。应尽快系统开展基础地质调查及大中比例尺专题填图工作，系统梳理区域地层层序、岩浆岩序列及矿化岩石的演化特征。同时，结合已知矿区大比例尺专题填图和岩芯编录等，结合样品系统采集和分析测试，进一步系统梳理区内铜矿床地质特征和综合解析成岩成矿作用机制，深入查证主要控矿因素及控矿机制，总结成矿规律，并完善构建区域成矿模型和勘查模型。

（2）区内与铜矿化有关的安山斑岩（-闪长斑岩）体的侵位与矿化前期和同岩浆期产生的断裂构造密切相关，尤其近南北向和北西向的张扭性断层及其次级裂隙系统是含矿岩浆及成矿流体上升迁移的主要通道和定位成矿的构造空间（图7-5）。因而，区内矿区中深部及外围地区找矿工作应集中于斑岩体和火山隐爆角砾岩筒接触带周围围岩中的近东西向、近南北向及其次级断层裂隙系统。由此，矿区深边部及紧邻空白区的探矿采用"矿区大比例尺构造–岩相及蚀变–流体填图先行，典型矿床控矿要素解析同步""物探为主，剖面化探跟进"的综合勘查方法手段，加强对每一矿床深部及预测靶（远景）区的系统调查和勘查评价研究，并强化"断裂构造控岩控矿"专项研究。据此细化优选和圈定找矿预测定位靶区，有效指导勘查工程部署，并快速实现矿区及外围地区找矿勘查的新突破，大力提升矿区资源储量的保障度。

（3）蒙育瓦矿区出露的中新世含矿的闪长斑岩与安山岩围岩及不含矿的黑云角闪安山斑岩是一套近于同期发育的岩浆杂岩系统的不同组成部分，目前对其空间分布及时序演化认识仍较模糊，后续应加强深入研究，以有效指导找探矿工作的部署和有序实施。

（4）还需强调的是，近东西向及北北东向断裂带是蒙育瓦矿区最为关键的控岩控矿构造，这是由其所处的区域地质背景所决定的，也与区域构造框架相一致。因而，矿山原先提出的"沿已知矿床的北西–南东方向"进行矿床深边部找探矿的工作思路，在后续找矿勘查工作部署应予以完善和纠正。

参考文献

[1]曹冲,赵元艺,常玉虎,等.智利艾斯康迪达铜矿床地质特征与成矿模式[J].地质通报,2015, 34(6): 1227–1238.

[2]陈华勇,张世涛,初高彬,等.鄂东南矿集区典型矽卡岩–斑岩矿床蚀变矿物短波红外(SWIR)光谱研究与勘查应用[J].岩石学报,2019, 35(12): 3629–3643.

[3]傅金宝.斑岩铜矿中黑云母的化学组成特征[J].地质与勘探,1981, 9(1):16–19.

[4]郭忠正,杨文金,李刚.缅甸蒙育瓦铜矿L矿矿床成因分析[J].世界有色金属,2020, 1: 293–295.

[5]侯增谦.大陆碰撞成矿论[J].地质学报,2010, 84(1): 30–58.

[6]冷成彪,陈喜连,张静静,等.斑岩型$Cu \pm Mo \pm Au$矿床的勘查标志:岩石化学和矿物化学指标[J].地质学报,2020,94(11): 3189–3212.

[7]李莎莎,陈华勇,汪礼明.关于建立斑岩型铜矿床勘查标识体系的初步探讨[J].大地构造与成矿学,2019, 43(5): 991–1009.

[8]李伟清,赵艳林,李家林.缅甸实皆省蒙育瓦七星塘铜矿矿石质量特征[J].世界有色金属,2017, 11:273–275.

[9]孟祥金,侯增谦,李振清.西藏驱龙斑岩铜矿S、Pb同位素组成:对含矿斑岩与成矿物质来源的指示[J].地质学报,2006, 80(4): 554–560.

[10]莫宣学,赵志丹,邓晋福,等.印度–亚洲大陆主碰撞过程与火山作用响应[J].地学前缘,2003, 10:135–148.

[11]秦克章,张连昌,丁奎首,等.东天山三岔口铜矿床类型、赋矿岩石成因与矿床矿物学特征[J].岩石学报,2009, 25(4): 845–861.

[12]芮宗瑶,黄崇轲,齐国明,等.中国斑岩铜(钼)矿[M].北京:地质出版社,1984.

[13]孙卫东,凌明星,杨晓勇,等.洋脊俯冲与斑岩铜金矿成矿[J].中国科学:地球科学,2010,40(2):4–14.

[14]唐攀,唐菊兴,郑文宝,等.岩浆黑云母和热液黑云母矿物化学研究进展[J].矿床地质,2017,36(4):935–950.

[15]王蝶,卢焕章,毕献武.与花岗质岩浆系统有关的石英脉型钨矿和斑岩型铜矿成矿流体特征比较[J].地学前缘,2011,18(5):121–131.

[16]王瑞,朱弟成,王青,等.特提斯造山带斑岩成矿作用[J].中国科学:地球科学,2020, 50, doi: 10.1360/SSTe–2019–0233.

[17]吴良士.缅甸区域成矿地质特征及其矿产资源(一)[J].矿床地质,2011, 30(1): 176–177.

[18]肖文交,宋东方,Windley B F,等.中亚增生造山过程与成矿作用研究进展[J].中国科学:地球科学,2019, 49: 1512–1545.

[19]徐强.缅甸联邦MTT金铜矿床成矿地质特征[J].地质学刊,2011, 35(4): 375–378.

[20]徐强,薛卫冲,李健,等.缅甸中部陆相火山岩–次火山岩型金铜矿床成矿模式[J].地质学刊,2013, 37(2): 279–283.

[21]杨玲玲,石菲菲.缅甸蒙育瓦铜矿床:晚中新世浅成热液系统中辉铜矿–铜蓝脉和角砾状岩墙[J].矿产勘查,2010,1(3):295–298.

[22]张洪瑞,侯增谦,杨志明.特提斯成矿域主要金属矿床类型与成矿过程[J].矿床地质,2010, 29: 113–133.

[23]张洪瑞,侯增谦.大陆碰撞带成矿作用:年轻碰撞造山带对比研究[J].中国科学:地球科学,2018, 48: 1629–1654.

[24]赵宏军,王可勇,邱瑞照,等.秘鲁Don Javier斑岩铜钼矿床流体包裹体特征[J].矿床地质,2018, 37(5): 1065–1078.

[25]赵艳林,和祥.缅甸蒙育瓦七星塘铜矿矿床成因分析[J].矿产资源,2018,11:83‒84.

[26]朱永峰,何国琦,安芳.中亚成矿域核心区地质演化与成矿规律[J].地质通报,2007,26: 1167–1177.

[27] Ablay GJ, Clemens JD, Petford N. Large–scale mechanics of fracture–mediated felsic magma intrusion driven by hydraulic inflation and buoyancy pumping[J]. Geological Society, London, Special Publications, 2008, 302:3–29.

[28] Ahmed A, Crawford AJ, Leslie et al. Assessing copper fertility of intrusive rocks using field portablex Ray fluorescence (Pxrf) data[J]. Geochemistry Exploration Environment Analysis, 2020,20(1):81–97.

参考文献

169

[29] Andrew H. G. Mitchell, Win Myint, Kyi Lynn, et al, Geology of the high sulfidation copper deposits, Monywa Mine[J], Myanmar. Resource Geology ,2010.. 61(1): 1−29.

[30] Baldwinja, Pearce JA. Discrimination of productive and Nonproductive Porphyritic intrusions in The Chilean Andes[J]. Economicgeology, 1982,77(3):664−674.

[31] Barley ME, Pickard AL, Zaw K, et al Jurassic to Miocene magmatism and metamorphism in the Mogok metamorphic belt and the India−Eurasia collision in Myanmar[J]. Tectonics, 2003., 22(3), 1019

[32] Ballard JR, Palin M J, Campbelli H.Relativeoxidation states of magmas inferred from Ce(Iv)/Ce(Iii) inzircon: Application to porphyry copper deposits of Northern Chile[J]. Contributions to Mineralogy and Petrology,2002,144(3):347−364.

[33] Bi XW, Hu RZ,Tang YY, et al.LA−ICP−MS[J]mineral chemistry of titanite and the geological implications for exploration of porphyry Cu deposits in the Jinshajiang− Red river alkaline igneous belt, SW China[J]. Mineralogy and Petrology, 2015,109(2):181−200.

[34] Blevin P L. Redox And Compositional Parameters For Interpreting the Granitoid Metallogeny Of eastern Australia: Implications for gold Rich ore systems[J]. Resource Geology, 2004, 54(3):241−252.

[35] Cooke D R, Hollings P, Walshe J L. Giant porphyry deposits:Characteristics,distribution, and tectonic controls[J]. Economic Geology, 2005, 100: 801−818.

[36] Cooke DR, Masterman GJ, Berry RF. The Rosario porphyry Cu−Mo deposit, northern Chile: Hypogene upgrading during gravitational collapse of the Domeyko Cordillera. In: MaoJW, Bierlein FP(Eds.)[J]. Mineral Deposit Research: Meeting the Global Challenge, 2005, p 365−368.

[37] Chang ZS, Hedenquist JW, White NC, et al. Exploration tools for linked porphyry and epithermal deposits: Example from the Mankayan intrusion−centered Cu−Au district, Luzon, Philippines[J]. Economic Geology, 2011, 106: 1365−1398.

[38] Feiss PG.Magmatic sources of copper in porphyry copper deposits[J]. Economic geology,1978,73(3):397−404.

[39] Guo JH, Leng CB, Zhang XC, et al. Textural and chemical variations of magnetite from porphyry Au and Cu skarn deposits in the Zhongdian region, northwestern Yunnan, Sw China[J].Ore geology reviews, 2020,116,103245.

[40] Halley S. Mapping magmatic and hydrothermal processes from routine exploration

geochemical analyses[J]. Economic Geology, 2020, 115(3):489–503.

[41] Halter W, Heinrich AC, Pettke T. Magma evolution and the formation of porphyry Cu–Au ore fluids: evidence from silicate and sulfide melt inclusions[J]. Mineralium Deposita, 2005, 39(8): 845–863.

[42] Harris AC, Kamenetsky VS, White NC, et al. Melt inclusions in veins: Linking magmas and porphyry Cu deposits[J]. Science, 2003, 302(19): 2109–2111.

[43] Hedenquist JW, Arribas A, Reynolds TJ. Evolution of an intrusion–centered hydrothermal system: Far southeast–Lepanto porphyry and epithermal Cu–Au deposits, Philippines[J]. Economic Geology, 1998, 93: 373–404.

[44] Hedenquist JW, Richards JP. The influence of geochemical techniques on the development of genetic models for porphyry Cu deposits. In: Richards JP, Larson PB(eds.). Techniques in Hydrothermal Ore Deposits Geology[J]. Review of Economic Geology, 1998, 10: 235–256.

[45] Hedenquist JW, Taran YA. Modeling the formation of advanced argillic lithocaps: Volcanic vapor condensation above porphyry intrusions[J]. Economic Geology, 2013, 108 (7): 1523–1540.

[46] Henley R W, Berger B R. Self–ordering and complexity in epizonal mineral deposits[J]. Annu Review of Earth Planet Science, 2000, 28: 669–719.

[47] Hou ZQ, Zhou Y, Wang R, et al. Recycling of metal–fertilized lower continental crust: Origin of non–arc Au–rich porphyry deposits at cratonic edges[J].Geology, 2017, 45: 563–566.

[48] Huang ML, Bi XW, Richardsjp, et al.High water contents of magmas and extensive fluidexsolution during the formation of the Yulong porphyry Cu–Mo deposit, Eastern Tibet[J]. Journal of Asian Earth Sciences, 2019, 176:168–183.

[49] Huang XW, Sappin AA, Boutroy E, et al.Trace element composition of igneous and hydrothermal magnetite from porphyry deposits: Relationship to deposit subtypes and magmaticaffinity[J]. Economic Geology, 2019,114(5): 917–952.

[50] Ima IA. Metallogenesis of porphyry Cu deposits of the western Luzon Arc, Philippines: K–Ar ages, SO_3 contents of microphenocrystic apatite and significance of intrusive rocks[J]. Resource Geology, 2002,52(2):147–161.

[51] Liang HY, Campbell IH, Allen C, et al. Zircon Ce4+/Ce3+ratios and ages for Yulong ore–bearing porphyries in Eastern Tibet[J]. Mineralium Deposita,2006, 41(2):152–159.

[52] Loucksr R.Distinctive composition of copper ore forming arc magmas[J]. Australian Journal of Earth Sciences,2014,61(1):5–16.

[53] Muntean JL, Einaudi MT. Porphyry–epithermal transition: Maricunga belt, northern Chile[J]. Economic Geology,2001, 96: 743–772.

[54] Richards J P. Tectono–magmatic precursors for porphyry Cu–(Mo–Au) deposit formation[J]. Economic Geology, 2003, 98: 1515–1533.

[55] Richards J P. Postsubduction porphyry Cu–Au and epithermal Au deposits: Products of remelting of subduction–modified lithosphere[J]. Geology, 2009, 37: 247–250.

[56] Richards J P. Tectonic, magmatic, and metallogenic evolution of the tethyan orogen: From subduction to collision[J]. Ore Geology Review, 2015, 70: 323–345.

[57] Richards J P. Magmatic to Hydrothermal Metal fluxes in convergent and collided margins[J]. Ore geology reviews, 2011,40(1):1–26.

[58] Searle MP, Noble SR, Cottle JM, et al. Tectonic evolution of the Mogok metamorphic belt, Burma (Myanmar) constrained by U–Th–Pb dating of metamorphic and magmatic rocks[J]. Tectonics, 2007, 26, 3014, doi:10.1029/2006TC002083.

[59] Sillitoe RH. A plate tectonic model for origin of porphyry copper deposits[J]. Economic Geology, 1972, 67(2): 184–197.

[60] Sillitoe RH. Epithermal models; genetic types, geometrical controls, and shallow features. Geol. Assoc[J]. Canada Special Paper, 1993, 403–417.

[61] Sillitoe RH. Characteristics and controls of the largest porphyry copper–gold and epithermal gold deposits in thecircum–Pacific region[J]. Aust J Earth Sci, 1997, 44: 373–388.

[62] Sillitoe R H. Porphyry copper systems[J]. Economic Geology, 2010, 105(1): 3–41.

[63] Sillitoe RH. Styles of high–sulphidation gold, silver, and copper mineralization in porphyry and epithermal environments[J]. Aus. IMM Proc, 1999, 306: 19–34.

[64] Sillitoe RH, Hedenquist JW. Linkages between volcano–tectonic settings, ore–fluid compositions, and epithermal precious metal deposits[J]. Soc. Econ. Geol. Spec. Publ, 2003, 10: 315–343.

[65] SillitoeRH, PerelloJ. Andean copper province: Tectonomagmatic settings, deposit, types, metallogeny, exploration, and discovery[J].Economic Geology,2005, 100: 845–890.

[66] Singer D A, Berger V I, Menzie W D, et al. Porphyry copper deposit density[J].

Economic Geology,2005, 100: 491–514.

[67] Stepanova S, Hermann J. Fractionation of Nb and Taby Biotite And Phengite: Implications For The "Missing NbParadox" [J]. Geology, 2013,41(3):303–306.

[68] Steckler MS, Akhter SH, Seeber L. Collision of the Ganges–Brahmaputra Delta with the Burma arc: implications for earthquake hazard[J]. Earth Planet. Sci. Lett, 2008, 273: 367–378.

[69] Taylor HP. The application of oxeygen and hydrogen isotope studies to problem of hydrothermal alteration and ore deposit[J]. Economic Geology, 1974, 69: 843–883.

[70] Ulrich T, Gunther D, Heinrich CA. The evolution of a porphyry Cu–Au deposit, based on LA–ICP–MS analysis of fluid inclusions: Bajo de la Alumbrera, Argentina[J]. Economic Geology, 2002, 97(8): 1889–1920.

[71] Vasyukova OV, Kamenetsky VS, Goemann K, et al. Diversity of primary CLtextures in quartz from porphyry environments: Implication for origin of quartz eyes[J]. Contributions to Mineralogy and Petrology, 2013,166(4):1253–1268.

[72] Voudouris PC, Melfos V, Spry PG, et al. The Pagoni Rachi/Kirki Cu–Mo ± Re ± Au deposit, northern Greece: Mineralogical and fluid inclusion constraints on the evolution of a telescoped porphyry–epithermal system. Canadaian Mineralogist, 2013, 51: 253–284.

[73] Wang R, Tafti R, Hou ZQ, et al. Across–arc geochemical variation in the Jurassic magmatic zone, southern Tibet: Implication for continental arcrelated porphyry Cu–Au mineralization[J]. Chemical Geology, 2017, 451: 116–134.

[74] Wang R, Weinberg R F, Collins W J, et al. Origin of postcollisional magmas and formation of porphyry Cu deposits in southern Tibet[J]. Earth–Science Reviews, 2018, 181: 122–143.

[75] Waters PJ, Cooke DR, Gonzales RI, et al. Porphyry and epithermal deposits and 40Ar/39Ar geochronology of the Baguio District, Philippines[J]. Economic Geology, 2011, 106 (8): 1335–1363.

[76] Winn K, Lirwin DL. Exploration, geology and mineralization of the Monywa copper deposits, central Myanmar. In: Porphyry and Hydrothermal Copper and Gold Deposits: A Global Perspective[J]. Proceedings of the Australian Mineral Foundation Conferernce, Perth, 1998, pp61–74.

[77] Yakich TY, Ananyev YS, Ruban AS, et al. Mineralogy of the Svetloye epithermal

district, Okhotsk–Chukotka volcanic belt, and its insights for exploration[J]. Ore Geology Reviews, 2021, 136: 104257.

[78] Zheng YF, Mao JW, Chen YJ, et al.Hydrothermal ore deposits in collisional orogens[J]. Sci. Bull, 2019, 64: 205–212.

[79] Zheng YF. Subduction zone geochemistry[J]. Geosci Front,2019, 10:1223–1254.

[80] Zhu JJ, Richards IP, Reesc C, et al. Elevated magmatic sulfur and chlorine contents in ore forming magmas at the Red Chris porphyry Cu–Au deposit, Northern British Columbia, Canada[J]. Economic Geology, 2018, 113(5):1047–1075.